Die Radiologische Klinik

Wiland Fiegler

Ultraschall in der bildgebenden Diagnostik

Mit einem Geleitwort von Roland Felix

Mit 123 Abbildungen

Springer-Verlag
Berlin Heidelberg New York Tokyo 1984

Professor Dr. WILAND FIEGLER
Abt. Radiologie mit Poliklinik
Universitätsklinikum Charlottenburg
Freie Universität Berlin
Spandauer Damm 130
D-1000 Berlin 19

ISBN-13:978-3-540-12963-9 e-ISBN-13:978-3-642-69424-0
DOI: 10.1007/978-3-642-69424-0

CIP-Kurztitelaufnahme der Deutschen Bibliothek
Fiegler, Wiland:
Ultraschall in der bildgebenden Diagnostik /
Wiland Fiegler. – Berlin ; Heidelberg ; New York ;
Tokyo : Springer, 1984.
(Die radiologische Klinik)
ISBN-13:978-3-540-12963-9

2121/3130-543210

Geleitwort

Die Ultraschall-Methodik setzt sich mehr und mehr im klinischen Alltag als diagnostische Eingangsuntersuchung bei allen Fragen nach abdominellen Massenläsionen oder Steinen durch – stark begünstigt einerseits durch die völlig fehlende ionisierende Strahlung und andererseits durch die zunehmend aufwendiger werdenden Großgeräte-Methoden, wie Computertomographie, digitale Subtraktionsangiographie, Szintigraphie und Nuklear-Magnetic-Resonance-Verfahren, die zudem allesamt noch Wartezeiten erfordern.

Immer wieder fasziniert bei der Ultraschall-Methodik die große diagnostische Zuverlässigkeit und Relevanz des Verfahrens in der Hand des Geübten. Der erfahrene Arzt steht hier ganz im Mittelpunkt der diagnostischen Aufklärung. Herr Fiegler übt die Methode seit 12 Jahren in der klinischen Routine aus und hat im klinischen Alltag viele Erkenntnisse und Einblicke gesammelt, die er in diesem Buch an jüngere Kollegen und auch an jene weitergeben möchte, die sich nach langer Erfahrung mit den Großgeräte-Methoden nun dem sehr Untersucher-abhängigen Ultraschall zuwenden wollen.

Der Erfahrungsschatz von Herrn Fiegler beruht auf der in unserem Hause immer gegenwärtigen kritischen Auseinandersetzung mit allen anderen Imaging-Verfahren wie Computertomographie, Angiographie, Kernspintomographie und allen szintigraphischen Verfahren. Hinzu kommt die sorgfältige nachfolgende Beobachtung des weiteren Krankheitsverlaufes durch Herrn Fiegler über viele Jahre hinweg.

Ich wünsche diesem Buch eine gute Aufnahme bei allen am Ultraschall interessierten Ärzten, Studenten, MTRAs und Schwestern und eine Fortschreibung mit der schnell voraneilenden Technik und Erkenntnis.

Berlin, Frühjahr 1984 PROF. DR. ROLAND FELIX

Vorwort

In der letzten Zeit gab es wesentliche technische Verbesserungen bei den darstellenden Diagnostikverfahren. In der Nuklearmedizin wurde die Emissionscomputertomographie, in der Ultraschalltechnik Geräte mit besserem Auflösungsvermögen und guter Grauwertdarstellung, in der Computertomographie Geräte der dritten Generation, und zusätzlich wurde die Kernspin-Tomographie entwickelt. Diese Neuentwicklungen haben die radiologische Diagnostik verändert und einen Wandel im gestuften Einsatz der einzelnen diagnostischen Verfahren bewirkt. Deshalb erscheint eine Bestimmung des aktuellen Stellenwerts der Sonographie und der anderen Untersuchungsverfahren sinnvoll.

Das Buch ist das Ergebnis 12jähriger Erfahrung auf dem Gebiet des Ultraschalls und beschreibt die Stellung der Sonographie im diagnostischen Vorgehen, insbesondere in bezug zur konventionellen Röntgendiagnostik, Angiographie, Computertomographie und Nuklearmedizin. Am Ende jedes Kapitels wird anhand eines Entscheidungsbaums eine Empfehlung für das diagnostische Vorgehen gegeben.

Mein besonderer Dank gilt Herrn Prof. Dr. R. Felix, der meine Arbeiten ermöglichte und förderte.

Ich danke herzlich Herrn Dr. T. Székessy, Herrn Prof. Dr. D. Stopik, Herrn Priv.-Doz. Dr. C. Claussen und Herrn Priv.-Doz. Dr. D. Banzer für die Überlassung von Bildbeispielen, Herrn Dr. R. Roßdeutscher, Herrn Dr. T. Weiss und Herrn Dr. B. Frentzel-Beyme für die Durchsicht des Manuskripts und vielen anderen Kollegen der Radiologischen Klinik des Klinikums Charlottenburg der Freien Universität Berlin.

Dem Springer-Verlag danke ich für die tatkräftige Unterstützung.

Berlin, Frühjahr 1984 WILAND FIEGLER

Inhaltsverzeichnis

1 Physikalische Grundlagen

Das Prinzip des Ultraschalls und insbesondere seine physikalischen Grundlagen sind bekannt. Es soll deshalb hier nur auf einige Veröffentlichungen verwiesen werden [1, 2, 8, 11]. Da in diesem Buch jedoch das Octoson-Gerät beschrieben wird, sind die folgenden Anmerkungen über das Schallfeld unerläßlich. Außerdem müssen die Artefakte näher beschrieben werden.

1.1 Schallfeld

Das Schallfeld beschreibt geometrisch die Ausbreitung der Schallwellen. Die unmittelbare Umgebung des Senders wird als Nahfeld (oder Fresnel-Zone) bezeichnet, das durch Interferenzerscheinungen (bei der Überlagerung von Wellen auftretende Verstärkung und Schwächung) gekennzeichnet ist [11].

Im Fernfeld beginnen die Schallstrahlen zu divergieren. Beim Übergang vom Nahfeld zum Fernfeld kommt es zu einer Einschnürung (Pseudofokus) [8, 11].

Eine bessere Bündelung des Schallfeldes kann durch fokussierende Schallköpfe (konkave Schwinger wie beim Octoson oder Linsen) erreicht werden [8]. Dadurch wird eine Verbesserung der Auflösung in der „region of interest" erreicht. Entsprechend der speziellen Fragestellung und abhängig vom Körperumfang des Patienten können Schallköpfe mit Kurz-, Mittel- oder Langdistanzfokus benutzt werden. Der Fokus ist kein Punkt, sondern hat eine räumliche Ausdehnung; deshalb wird auch der Begriff Fokusschlauch benutzt. Schallköpfe mit langem Fokusschlauch haben gegenüber den kürzer fokussierten Transducern den Vorteil eines besseren Auflösungsvermögens über eine größere Strecke. So hat der Fokusschlauch beim Octoson eine Länge von 80 mm gegenüber der Länge von 20–40 mm beim Combison 202.

Die größere Länge des Fokusschlauchs ergibt sich aus folgenden Werten (in Klammern jeweils der Wert beim Octoson-Gerät):

D_o = Schwingungsdurchmesser (70 mm)
D_f = Durchmesser des Fokusschlauches (2,415 mm) (errechneter Wert)
f' = Fokussierungsfaktor $\frac{f_{ak}}{l_o}$ (0,138 mm)
f_{ak} = Abstand des akustischen Fokuspunkts vom Schallkopf; das ist der Punkt mit dem höchsten Schalldruck auf der Achse des Schallbündels (340 ± 15 mm)

$l_o =$ Nahfeldlänge $\frac{D_o^2}{4}$

$l_z =$ Länge des Fokusschlauchs in Richtung der Schallbündelachse, definiert durch den 6-dB-Abfall einer Echohöhe gegenüber der maximalen Echohöhe bei $z = f_{ak}$ (85–90 mm) (errechneter Wert)

Nach Wüstenberg [12, 13] können folgende Formeln zur praxisnahen Berechnung herangezogen werden:

$D_f = \frac{D_o}{4} \cdot f' = 2{,}415$ (errechneter Wert)

Die maximal erreichbare Fokusschlauchlänge $l_{z\,max}$ beträgt:

$l_{z\,max} = \frac{8D_f^2}{\lambda} = 93$ mm

Die reale Fokusschlauchlänge $l_{z\,real}$ beträgt:

$l_{z\,real} = n \cdot \frac{8D_f^2}{\lambda} (n = 0{,}925–0{,}945)$

1.2 Artefakte

Artefakte müssen richtig erkannt werden, denn sie können zu Fehlinterpretationen führen. Sie entstehen im Impuls-Echo-Ablauf dadurch, daß der Schall nicht den direkten Weg vom Transducer zum Reflektor läuft. Daraus entsteht ein Echo, das auf dem Monitor in einem zeitlichen Abstand registriert wird, der nicht der Tiefe und auch nicht der richtigen seitlichen Lage des „wahren Reflektors" entspricht [9].

Wiederholungsechos

Die häufigste Ursache der axialen Wiederholungsechos sind mehrere reflektierende parallel angeordnete Grenzflächen im Schallstrahl. Eine andere Form der axialen Wiederholungsechos entsteht, wenn der Schallstrahl zwischen parallel angeordneten Reflektoren in der zu untersuchenden Region hin- und herreflektiert wird. Engelhart u. Blauenstein [2] beschreiben eine Versuchsanordnung, die beweist, daß diese Echos durch Hin- und Herreflektieren zwischen zwei parallelen Grenzflächen entstehen. Bei planparallel angeordneten Flächen (Rippe) wird der Schall zwischen den beiden Grenzflächen (also Vorder- und Rückfläche der Rippe) hin- und herreflektiert und auch jedesmal transmittiert [2]. Die in Richtung Schallkopf transmittierten Signale werden vom Oszilloskop als regelmäßig hintereinander liegende Grenzflächen registriert. Da der Energiegehalt der Impulse immer mehr abnimmt (Absorption, Transmission) wird die Amplitude der Echos immer kleiner.

Wiederholungsechos hinter der Linea alba lassen sich durch Änderung des Schallbündeleinfallswinkels (Compoundscan) umgehen. Ein anderes Wiederholungsecho entsteht als drittes Echo hinter einem Paar von starken Echos. Es ist im gleichen Abstand wie die beiden vorderen angeordnet, aber etwas schwächer und entsteht nur, wenn der Schallstrahl rechtwinklig auf die Reflektoren trifft [9].

Ein schwierig zu erkennendes Artefakt sind *nichtaxiale Wiederholungsechos*. Hierbei wird der Ultraschall durch eine Grenzfläche aus der direkten Linie Schallkopf-Reflektor geworfen und läuft dann wieder auf demselben Weg zurück zum Schallkopf. Diese Artefakte sind sehr schwer zu erkennen, weil das „echte Echo" des Reflektors schwach, das Artefakt sehr stark sein kann. Das Artefakt erscheint als starkes bogenförmiges Echo, das durch andere Strukturen zieht. Hieran ist es auch als Kunstprodukt (d.h. als Artefakt) erkennbar.

Laufzeitunterschiede

Die Ultraschallgeräte sind auf eine konstante Geschwindigkeit von 1540 m/s geeicht. Viele Gewebe haben jedoch eine von 1540 m/s unterschiedliche Schallleitgeschwindigkeit. Durch diese Unterschiede in der Laufzeit des Ultraschalls in den unterschiedlichen Geweben kommt es zu einer falschen Ortsregistrierung von Strukturen auf dem Ultraschallmonitor [9]. Diese Verlagerung beträgt bei einer Fettschicht von 5 cm Dicke und einer Schallgeschwindigkeit im Fett von 1460 m/s 0,26 cm [9].

Brechung

Die Brechung des Ultraschalls entsteht an Grenzflächen zwischen Medien mit unterschiedlicher Schallgeschwindigkeit. Häufig ist die Brechung sehr klein; sie kann jedoch an Grenzflächen zwischen Medien mit stark differenten Schallgeschwindigkeiten sehr groß werden. Diese Verlagerung läßt sich berechnen und beträgt bei einer Schallgeschwindigkeit von 1540 m/s im Medium I und 1460 m/s im Medium II bei einem Abstand von 5 cm von der Trennebene der beiden Schichten und einem Einfallswinkel von 30° 0,15 cm [9].

Die falsche Ortsregistrierung des Ultraschalls durch Laufzeitfehler und Brechung ist durch die physikalischen Eigenschaften des Ultraschalls bedingt und kann nicht verhindert werden. Sie ist somit eine wesentliche Behinderung des Ultraschallverfahrens. Dadurch kommt es zu einer falschen Ortsregistrierung um bis zu 3 mm. Durch Rechenoperationen wäre eine Korrektur der Ortskoordinaten denkbar, dies ist jedoch zum jetzigen Zeitpunkt noch nicht möglich.

Elektronische und mechanische Fehljustierung

Echos müssen korrekt in der richtigen Position registriert werden. Bei Fehleinstellung im Meßsystem wird ein Draht in einem Drahtphantom, der aus 3 unterschiedlichen Richtungen beschallt wird, nicht als Kreuz, sondern als 3 sich in einem Fehlerdreieck kreuzende Striche abgebildet. Das Ultraschallgerät muß dann nachjustiert werden. Durch regelmäßig durchgeführte Gerätetests wird ein solches Artefakt vermieden [4, 8].

Goldstein hat bei Compoundultraschallgeräten eine Zunahme der Fehlverlagerung (falsche Ortsregistrierung) mit größerem Abstand des Objekts vom Schallkopf und mit Zunahme des Compoundscanwinkels (das ist der Winkel, den der Schallkopf auf der Haut des Patienten umfährt) und mit fehlerhafter Winkelzuordnung gefunden [6]. Folgende Formel hat Goldstein für die Verlagerung (M) aufgestellt.

$M = 2R \sin(\theta/2) \cdot \tan \varepsilon$ [4]
R = Tiefe des Reflektors,
ε = fehlerhafte Winkeleinstellung,
θ = Winkel, den der Schallkopf auf der Haut des Patienten umfährt.

Durch regelmäßige Tests mit einem Drahtphantom soll die Justierung der Ultraschallgeräte überprüft werden. Nach Goldstein wird eine falsche Ortsregistrierung der Drähte um bis zu 5 mm noch toleriert [4].

Schallschatten – Schallverstärkung

Sonographische Schattenzonen entstehen hinter Medien, die den Ultraschall nahezu total reflektieren (an der Grenzfläche Gewebe/Luft beträgt der Reflexionsfaktor nach Bergmann 99,9% [1]), und hinter Medien, die den Schall stark absorbieren (Kalk, Bariumsulfat). Schallverstärkung entsteht hinter Flüssigkeiten (Aszites, Gallenblase). Bei der Beurteilung der Echostruktur muß dies berücksichtigt werden.

Akustische Spiegelbilder

Akustische Spiegelbilder oberhalb des Zwerchfells sind eine Sonderform der Schallschattenbildung hinter Luft. Bei der Leberuntersuchung sind kranial des Zwerchfells Echos nachweisbar [3]. Diese Echos entstehen durch Reflexion der Schallwellen an der Grenze Zwerchfell/Lungengewebe. Die reflektierten Ultraschallwellen werden erneut an Leberstrukturen zurückgeworfen und laufen zur Grenzfläche Zwerchfell/Lungengewebe und von dort zum Schallkopf zurück. Da die Laufzeit dieser Signale verlängert ist, werden sie oberhalb des Zwerchfells abgebildet.

Laterale Schallschattenbildungen hinter Zysten

Am lateralen Rand von flüssigkeitsgefüllten Strukturen (Zysten, Gallenblase) kommt es zur Schallschattenbildung. Dies ist durch Reflexion und Brechung bedingt. Die Brechung ist von der Schallgeschwindigkeit in der Zyste abhängig [10]. Wenn die Schallgeschwindigkeit in der Zyste gleich der in der Leber ist, entstehen dorsal der Zyste keine lateralen Schallschatten; ist sie unterschiedlich von der der Leber, entstehen laterale Schallschatten.

Rauschen

Rauschen entsteht in der Elektronik des Ultraschallgeräts. Besonders bei großer Verstärkung werden durch das Rauschen kleinere Echos verursacht, die von echten Strukturen nicht zu unterscheiden sind. Die Verstärkung muß dann vermindert werden. Bei Unsicherheit muß das Echomuster einer Zyste mit einem Standardmuster (z. B. Gallenblase, Harnblase) verglichen werden.

Schlechte Einstellung des Tiefenausgleichs

Nur durch optimale Einstellung des Ultraschallgeräts (Echoverstärkung, Tiefenausgleich) wird ein verwertbares Ultraschallbild entstehen. So kann durch eine zu geringe Tiefenverstärkung eine Schallschwächung oder eine Schallabsorption in der Tiefe vorgetäuscht werden. Ein Tumor kann so falsch diagnostiziert werden. Bei zu geringer Nahverstärkung sind im oberflächennahen Bereich keine Echos erkennbar; dies kann als Aszites fehlgedeutet werden.

Schichtdickenartefakt

Durch die Weite des Ultraschallfelds bedingt, stellt sich ein im Einfachscan angeschallter Draht als Linie statt als Punkt dar. Durch dieses Artefakt kann eine glatte, jedoch schräg durch den Schallstrahl verlaufende Oberfläche, die im Einfachscan dargestellt wird, unregelmäßig erscheinen [5].

Das Schichtdickenartefakt entsteht also, wenn die dargestellte akustische Grenzfläche nicht senkrecht zur Achse des Schallfeldes steht. So kann am Boden einer Zyste (z. B. Gallenblase) ein Saum entstehen, der als Sediment fehlgedeutet wird. Dieser Pseudodetritus zeigt folgende Merkmale:

1. er ist entsprechend der Zystenwand leicht gekrümmt,
2. er ist abhängig vom Einfallswinkel des Schallstrahls,
3. die Breite des Pseudodetritus nimmt mit der Verstärkung zu.

Somit ist das Kriterium „unscharfe Begrenzung", das zur Differenzierung maligne/benigne angewandt wird, *kein sicheres sonographisches Zeichen,* da auch ein Schichtdickenartefakt vorliegen kann. Die Grenzfläche muß mit unterschiedlichen Einfallswinkeln dargestellt werden, damit die Diagnose „unscharfe Begrenzung" sicher gestellt werden kann.

Schlechter Kontakt des Schallkopfs mit der Haut des Patienten

Ein guter Kontakt zwischen dem Schallkopf und der Haut des Patienten ist notwendig. Ein dünner Luftfilm kann die Echos stark abschwächen.

Unregelmäßige Führung des Schallkopfs

Durch unregelmäßige Führung des Schallkopfs entstehen Streifeneffekte.

Artefakte in Zysten

In einer Zyste können Echos als Artefakte entstehen. Wiederholungsechos (Grenzfläche Haut/Schallkopfoberfläche oder starke Reflektoren vor der Zyste), Lage der Zyste im Fokus, Verhältnis der Zystenbreite zur Schallstrahlbreite, Position der Zyste im Schallstrahl, Reflexionseigenschaften des umgebenden Gewebes (Streuechos aus den angrenzenden Strukturen können in die Zyste projiziert werden) beeinflussen die Anzahl der artifiziellen Echos in der Zyste [6]. *Die Zyste ist echofrei, wenn sie im Fokus des Schallkopfs liegt und wenn der Schallstrahl vollständig durch das Zentrum der Zyste verläuft.* Artefakte sind in der Zyste erkennbar, wenn der Schallstrahl nicht vollständig durch die Raumforderung verläuft und wenn die Zyste im Nahfeld des benutzten Schallkopfs liegt [6].

1.3 Darstellungsverfahren

1.3.1 A-Bild

Bei dem in der medizinischen Diagnostik verwandten Impulsechoverfahren ist die Schallsonde gleichzeitig Sender und Empfänger. Das piezoelektrische Kristall im Schallkopf empfängt in den Impulspausen die zurücklaufenden Echos. Diese Echos werden in elektrische Signale umgewandelt und verstärkt. Dieser Impuls wird zu einer Kathodenstrahlröhre weitergeleitet. Hier wird der Impuls den vertikalen Ablenkplatten zugeführt und bewirkt dadurch eine Auslenkung des Elektronenstrahls in Y-Richtung (Zacke des A-Bildes). Die Ablenkung des Elektrodenstrahls in X-Richtung erfolgt „getriggert" vom Sendeimpuls mit einer konstanten, von der Schallgeschwindigkeit abhängigen Geschwindigkeit, so daß aus dem Ort der Schallzacke auf der X-Achse direkt die Tiefe der echogebenden Schicht abgelesen werden kann.

1.3.2 B-Bildverfahren (B-Scan)

Diese zweidimensionale Darstellung erfolgt durch die Umwandlung der Zackenamplitude des A-Bildes in unterschiedlich helle Bildpunkte auf dem Monitor (Grauwertdarstellung). Es resultiert eine Kette unterschiedlich heller Bildpunkte. Werden nun mehrere Ketten dieser Bildpunkte auf einem Speicheroszilloskop dargestellt, so erhält man ein zweidimensionales Bild.

Bei der zweidimensionalen Darstellung werden zwei Techniken unterschieden:

Compoundtechnik

Durch die manuelle Bewegung des Schallkopfs auf der Haut des Patienten wird ein statisches Bild aufgebaut und gespeichert. Die Position des Ultraschallwandlers wird mit Hilfe von Positionsgebern des Scanarms erfaßt. Mit dem Schallkopf können auf der Haut des Patienten unterschiedliche Abtastbewegungen (parallele und konvergierende bzw. divergierende) durchgeführt werden. Die gebräuchlichste Scanbewegung setzt sich aus einer bogen- und sektorförmigen Abtastbewegung zusammen. Hierbei werden die in der Tiefe gelegenen Grenzflächen unter verschiedenen Winkeln getroffen und zur Darstellung gebracht. Die erhaltenen Echos werden in einen Bildspeicher eingegeben und von dort auf dem Monitor sichtbar gemacht.

Real-time-Technik

Die Abtastung erfolgt durch Rotation eines Schallkopfs oder durch einen aus mehreren Schallköpfen bestehenden Vielfachschallkopf. Pro Sekunde werden bis zu 150 Abtastungen durchgeführt. Die Real-time-Technik hat den Vorteil, daß bewegte Vorgänge im Körper (Gefäßpulsationen, Atemverschieblichkeit von Organen, Peristaltik) beurteilt werden können. Von Nachteil ist jedoch die geringe „Bildbreite", die keine Darstellung des gesamten Körperquerschnitts gestattet.

1.3.3 Octoson (Vorteile, Nachteile, systemtypische Artefakte)

Ein automatisiertes Ultraschallgerät mit Wasservorlauf wurde von der Arbeitsgruppe um Kossoff in Australien entwickelt. Es handelt sich um ein generell anwendbares Gerät [7]. In einem Wassertank von 1300 l befindet sich ein C-förmiger Bogen mit Antriebsmechanik, auf dem im gleichen Abstand 8 konkave, langfokussierte Schallköpfe mit 7 cm Durchmesser angeordnet sind [7]. Der C-Bogen wird motorgetrieben von der Konsole aus bedient. Er kann in 5 Freiheitsgraden frei bewegt werden; somit kann jede beliebige Schnittebene gewählt werden. Es können auch automatisch im wählbaren Abstand oder in wählbaren Winkelgraden Serienschnitte durchgeführt werden. Die Schallköpfe haben einen festen Fokus. Um die Fokusebene zu verändern, kann der C-Bogen im Wassertank gehoben und gesenkt werden. Das Fenster des Wassertanks ist an der Oberfläche für die meisten Untersuchungen mit einer flexiblen durchsichtigen Folie abgedeckt (Abb. 1.1).

Der Patient liegt in Bauch- oder Rückenlage oder seitlich über dem Fenster auf der Folie, die zur guten akustischen Koppelung mit einem Öl oder Gel bestrichen wird. Der Wasserspiegel im Tank kann gehoben oder gesenkt werden, so kann sich die Folie den Körperformen anpassen.

Die Koordinaten (X, Y, R, T, Z), d.h. die Position des Scanarms, werden automatisch vom Mikroprozessor auf den Fernsehmonitor übertragen.

Abb. 1.1. Ansicht des Octosons mit Wassertank

Organe wie Mamma und Hoden können in Bauchlage, nachdem die Folie über dem Fenster entfernt worden ist, direkt in den Wassertank gehängt werden (Immersionstechnik).

Die 8 Schallköpfe lassen sich einzeln, zusammen oder in beliebiger Zusammenstellung erregen. Sie werden synchron in einem Sektor im Winkelbereich von $\pm 35°$ (d.h. um 70°) geschwenkt. Das Ultraschallbild wird durch die überlagerten Sektorscanbewegungen der Schallköpfe aufgebaut.

Aus den eigenen experimentellen und klinischen Untersuchungen ergeben sich die folgenden Vor- und Nachteile des Octosons und des Realtime-Ultraschalls (Tabelle 1.1).

Vorteile des Octosons

Bei den Vorteilen des Octosons können Vorteile der Gerätekonzeption, physikalische Vorteile der großen Schallköpfe und Vorteile durch die Untersuchungsposition in Bauchlage unterschieden werden.

1. Vorteile der Gerätekonzeption

a) *Compoundeffekt*. Das Reflexionsverhalten wird aus unterschiedlichen Richtungen überprüft. Daraus folgt eine Verbesserung des Auflösungsvermögens. Jedoch kommt es durch die Unterschiede der Schallgeschwindigkeiten im Gewebe und durch Brechung zu einer Verzerrung von Konturen und damit wieder zu einer Verschlechterung. Durch die physikalischen Eigenschaften des Ultraschalls sind daher dem Compoundeffekt Grenzen gesetzt. In der klinischen Anwendung kommt es je nach Untersuchungsregion bei Verwendung von 4–6 Schallköpfen zu einer Verschlechterung des Auflösungsvermögens (durch unterschiedliche Laufzeiten des Ultraschalls im Gewebe).
b) *Geringe Fehler der mechanischen Justierung* (durch kleinere Hebellängen, manuell nicht veränderbare Scanebene, die vorgegeben wird, und durch Schrittmotoren gesteuerte und somit genaue Scanwinkel).
c) Wasservorlauf, deshalb erfolgt die Untersuchung nicht im Nahbereich.

Tabelle 1.1. Vergleich von Octoson, Real-time- und konventionellen Compoundultraschallgeräten

Organsystem	Ultraschallgerät					
	Real-time-Ultraschall		Konventioneller Compoundultraschall	Octoson		
Leber	++		++	+++	Durch längeren Fokusschlauch bessere Darstellung oberflächlicher sowie subdiaphragmaler Läsionen
Pankreas	++	Untersuchung in Bauchlage möglich. Bei Adipositas leichter die optimale Scanrichtung zu finden	++	++(+)	Günstigere Luftverteilung in Bauchlage: Stabiler Fokus im Gewebe (z. B. nach Fett)
Gallenblase und Gallenwege	+++	Schneller	++	++	Zeitaufwendig
Hoden	++	Mit Wasservorlauf oder im Wasserbecken möglich	++	+++	Gute anatomische Übersichtlichkeit; bei mehreren Schallköpfen Compoundeffekt; bessere Echotexturdarstellung
Mamma	++	Als additive Untersuchung	+	+++	Vollständige Erfassung, z. T. delegierbar; in Zukunft evtl. als Vorsorge
Kindlicher Schädel	+++	Durch Fontanelle gute Darstellung; mit hohen Frequenzen auch Darstellung kleiner Blutungen		++	Gute anatomische Übersichtlichkeit

d) *Registrierung der Koordinaten,* somit besteht der Zwang zu einer vollständigen Untersuchung; auch bei anderen Compoundgeräten möglich.
e) *Fokusebene verschiebbar.*
f) Körperanhangsgebilde können in *Immersionstechnik* ohne Deformierung im offenen Wassertank untersucht werden.
g) Automatisierter Sektorscanner, dadurch schnellere Untersuchung möglich.

2. Physikalische Vorteile der großen Schallköpfe

a) *Bessere Fokussierung,* d. h. die Nebenkeulen des Schallkopfs sind klein.
b) Längeres Nahfeld; diese Länge des Nahfeldes ist entscheidend, da der Fokus nur im Nahfeld liegen kann.

c) Größerer Gewinn (Anstieg des Schalldrucks im Fokus im Vergleich zum Schalldruck im nicht fokussierten Schallfeld bei gleichem Schallkopfdurchmesser), dadurch *günstigeres Signal-Rausch-Verhältnis.*
d) Der Divergenzwinkel des Schallfeldes ist kleiner.
e) *Langer Fokusschlauch,* d.h. Bündelung des Schallfeldes über eine lange Strecke.
f) Großer Öffnungswinkel der Schallköpfe mit großem Mittlungsintervall der Laufwege über ein großes Volumen.
g) *Stabilerer Fokus im homogenen Gewebe,* d.h. geringere Aufspreizung des Schallfeldes im biologischen Substrat und somit besseres Auflösungsvermögen im Gewebe, jedoch nur bei Lage des Streukörpers im Fokus.

3. Vorteile durch die Untersuchungsposition in Bauchlage

a) Günstige Luftverteilung im Magen und Colon transversum mit geringerer Luftüberlagerung der Bauchspeicheldrüse.
b) Der Schallkopf kommt nicht in Kontakt mit der Haut des Patienten, somit können auch Patienten mit sehr druckschmerzhaftem Abdomen (akute Pankreatitis, akute Cholezystitis, Abszesse) untersucht werden.

Nachteile des Octosons

1. Es ist kein Real-time-Scanner, Bewegungsabläufe sind somit nicht darstellbar.
2. Es ist voluminös, hat einen großen Raumbedarf und ist nicht mobil.
3. Erfahrene Ultraschalluntersucher haben zunächst Schwierigkeiten, da sie gewohnt sind, den Schallkopf relativ zum Körper zu bewegen. Eine Umgewöhnungsphase ist notwendig.
4. Biopsien, Punktionen und Amniozentesen sind mit dem Octoson unter sonographischer Kontrolle nicht durchführbar.
5. Frisch Operierte und Patienten mit großen Verbänden können durch die Wassertankfolie nicht untersucht werden; das gleiche gilt für Schwerstkranke, die nicht auf dem Bauch liegen können.
6. Artefakte können im Tank sowie an der dem Patienten nicht gut anliegenden Folie entstehen.
7. Die Geschwindigkeit der Echogramme wird durch den Wasservorlauf um den Faktor 2 verringert.
8. Der optimale Schallwinkel ist bei dicken Patienten schwerer einstellbar als beim Kontaktscanner, deshalb resultieren bei adipösen und muskelstarken Patienten schlechtere Ergebnisse.
9. Beim Compoundscan entstehen durch unterschiedliche Schallgeschwindigkeiten und schlechte Justierung der Schallköpfe *Verzeichnungen,* daraus resultiert eine Verschlechterung der Bildqualität. Dies ist eine wesentliche Einschränkung der Compoundtechnik.
10. Gallensteine sind schneller mit dem Real-time-Scanner zu erkennen.

Mit dem Octoson können untersucht werden:

- Schädel bei Kindern, etwa bis zum 5. oder 6. Lebensjahr
- Abdomen
- Schwangere Frauen
- Mamma und Skrotum im offenen Wassertank
- Schilddrüse, Halsorgane
- Kinder
- Oberflächliche Prozesse (durch den Wasservorlauf keine „tote Zone")
- Extremitäten

Vorteile des Real-time-Ultraschalls

1. Schnelle Untersuchung.
2. Der optimale Schallwinkel ist schnell einzustellen, somit sind auch gute Darstellungen bei adipösen, frisch operierten oder Patienten mit Verbänden möglich. Die Untersuchungstechnik ist „flexibler".
3. Gallensteine und Nierensteine sind gut auffindbar, da durch kontinuierliche Verschiebung des Schallkopfs auf der Haut des Patienten eine vollständige Darstellung von Galle und Niere möglich ist.
4. Gutes axiales Auflösungsvermögen.
5. Punktionen und Amniozentesen sind unter sonographischer Kontrolle möglich.
6. Bewegungsabläufe sind darstellbar (entsprechend einer Röntgendurchleuchtung).
7. Gute Darstellung von Schallverstärkung und Schallschatten.
8. Keine Verschlechterung des Auflösungsvermögens durch Bewegung.
9. Untersuchungsgerät ist klein und mobil. Untersuchung am Krankenbett möglich.
10. Untersuchung ist billig, da das Gerät einen niedrigeren Anschaffungspreis hat.
11. Gerät nicht so schwer einstellbar und bedienbar wie ein Compoundgerät.

Nachteile des Real-time-Ultraschalls

1. Geringe Bildbreite, Körperquerschnitt nicht darstellbar.
2. Schnittebene schlecht nachvollziehbar, dadurch sind die Bilder schwerer zu interpretieren.
3. Bei zu großem Schallkopf Subkostalschnitte schlecht durchführbar.
4. Schlechtere Grauwertdarstellung.
5. Einfachscan mit allen bekannten Nachteilen:
   - unscharfe Grenzen,
   - schlechte Texturdarstellung des Gewebes.

Häufigkeit der systemtypischen Artefakte im Octoson

Durch die an der Haut des Patienten nicht gut anliegende Folie entstehen Artefakte. Durch eine falsche Ortsregistrierung kommt es zur Verwischung von Strukturen. Bei 30% der Oberbauchuntersuchungen ist dies zu beobachten.

Veränderungen durch die Untersuchungsposition in Bauchlage am Octoson

1. Es kommt zu einer unterschiedlichen Luftverteilung im Magen oder Colon transversum.
2. Durch die Gravitationskraft liegen Gallensteine an der Vorderwand der Gallenblase.

Literatur

1. Bergmann L (1954) Der Ultraschall. Hirzel, Stuttgart
2. Engelhart GJ, Blauenstein UW (1972) Ultraschalldiagnostik am Oberbauch. Schattauer, Stuttgart New York
3. Fiegler W (1983) Artefakte in der Ultraschalldiagnostik. ROEFO 138/3: 340–347
4. Goldstein A (1981) Registration errors in compound B-scans. J Clin Ultrasound 9: 25–27
5. Goldstein A, Madrazo BL (1981) Slice-thickness artifacts in gray scale ultrasound. J Clin Ultrasound 9: 365–375
6. Jaffe CL, Rosenfield AT, Sommer G (1980) Technical factors influencing the imaging of small anechoic cysts by B-scan ultrasound. Radiology 135: 429–433
7. Kossoff G (1980) Large waterpath ultrasonic scanners. In: Wells PNT, Ziskin MC (eds) New techniques and instrumentation in ultrasonography. Clinics in diagnostic ultrasound. Vol 5, Churchill, Livingstone, New York, pp 85
8. Mc Dicken WN (1981) Diagnostic ultrasonics, principles and use of instruments. Wiley & Sons, New York Chichester Brisbane Toronto
9. Robinson DE (1978) Artefacts. In: de Vlieger M, Holmes JH, Kazner E, Kossoff G, Kratochwil A, Kraus R, Pouyol J, Strandness DE (eds) Handbook of clinical ultrasound. Wiley & Sons, New York Chichester Brisbane Toronto, pp 55–58
10. Robinson DE, Wilson LS, Kossoff G (1981) Shadowing and enhancement in ultrasonic echograms by reflection and refraction. J Clin Ultrasound 9: 181–188
11. Wells PNT (1975) Physical principles of ultrasonic diagnosis. Academic Press, London New York
12. Wüstenberg H, Kutzner J (1977) Empfindlichkeitseinstellung beim Einsatz fokussierender Prüfköpfe in der Ultraschall-Prüfung an ebenen und gekrümmten Bauteilen. Materialprüfung 19/10: 441–444
13. Wüstenberg H, Kutzner J, Möhrle W (1976) Fokussierende Prüfköpfe zur Verbesserung der Fehlergrößenabschätzung bei der Ultraschallprüfung von dickwandigen Reaktorkomponenten. Materialprüfung 18: 152–161

2 Untersuchungstechnik des Oberbauchs

2.1 Vorbereitung des Patienten

Zur Oberbauchuntersuchung ist keine spezielle Vorbereitung erforderlich. Die Untersuchung sollte aber am nüchternen Patienten durchgeführt werden, damit eine maximale Weitstellung der Gallenblase vorhanden ist und eine störende Überlagerung der Oberbauchorgane vermieden wird. Die Untersuchung sollte auch vor der Gabe von bariumhaltigen Kontrastmitteln sowie vor der Endoskopie erfolgen, da bariumhaltige Kontrastmittel durch Absorption und Luft im Magen-Darm-Trakt durch Reflexion der Schallwellen die Untersuchung erschweren oder unmöglich machen.

2.2 Lagerung des Patienten

Die Untersuchung des Oberbauchs erfolgt in der Regel in Rückenlage. Anschließend kann der Patient in rechter bzw. linker Seitenlage, in Bauchlage oder im Stehen untersucht werden. Der Magen kann mit Wasser, Orangensaft oder mit Methylzellulose gefüllt werden.

2.3 Untersuchungsablauf mit Bilddokumentation

Die zu untersuchenden Organe müssen kontinuierlich und sorgfältig untersucht werden. Es wird zunächst in Längsschnitten der gesamte Oberbauch untersucht, wobei erst die großen Gefäße Aorta und V. cava inferior dargestellt werden. Dann werden kontinuierlich Längsschnitte im Abstand von 5 mm durchgeführt. In Transversalschnitten wird der Oberbauch von kranial nach kaudal ebenfalls in 5-mm-Abständen sorgfältig untersucht.

Die Darstellung des Pankreas erfolgt in Schrägschnitten, wobei die Achse von links kranial nach rechts kaudal dem Verlauf des Pankreas entsprechend verläuft. Der Pankreasschwanz wird in linker Seitenlage oder in Rückenlage durch die linke Niere hindurch dargestellt.

Die Bilder werden mit Polaroidphotos oder mit der Röntgenmultiformatkamera dokumentiert, wobei darauf zu achten ist, daß die Organe der topographischen Anatomie entsprechend dargestellt sind, damit die Untersuchung von anderen Untersuchern nachvollziehbar ist.

Folgende Grundsätze sollten beachtet werden:

- Jedes Organ hat spezielle akustische „Fenster", die aufgesucht werden müssen, sowie eine besondere Verstärkungseinstellung.
- Jedes Organ muß *einzeln* in vielen Schnitten sowie verschiedenen Atemphasen und in mindestens 2 Ebenen untersucht werden, um Fehler zu vermeiden.
- Der pathologische Befund sollte in 2 Ebenen mit typischen Bildern dokumentiert werden.
- Der Untersucher sollte sich ganz auf das Monitorbild konzentrieren.
- Der Befund sollte sofort nach der Untersuchung formuliert werden.

2.4 Ursache von Fehldiagnosen

Bei der Ultraschalluntersuchung sind durch den Patienten, durch physikalische, technische Ursachen (Gerät) und durch den untersuchenden Arzt Fehler möglich. Die begrenzte Eindringtiefe des Ultraschalls bei Adipositas und kräftiger Muskulatur stellt einen limitierenden Faktor dar. Auch die nahezu totale Reflexion des Schalls an Darm- oder Magenluft stört die Sonographie. Von seiten des Patienten ist die erschwerte Ankoppelung des Schallkopfs bei aufragendem Rippenbogen, z. B. bei Kachexie, eine Fehlermöglichkeit. Fehler von seiten des Arztes treten auf durch:

a) mangelnde Erfahrung,
b) fehlerhafte Geräteeinstellung,
c) fehlerhafte Interpretation (Pseudoläsionen, Varianten, postoperative Zustände),
d) unvollständige Untersuchung.

Die meisten untersuchungsbedingten Fehler sind durch eine unvollständige, d. h. nicht standardisierte Ultraschalluntersuchung bedingt.

Grenzen des Ultraschalls und Ursachen von Fehldiagnosen

1. Behinderte Ankopplung des Schalls

- Verbände, offene Wunden, Drainagen, Anus praeter, Fisteln
- Operationsnarben
- Übermäßige Stammbehaarung und Hauterkrankungen
- Aufragender Rippenbogen bei eingesunkener Bauchdecke (Kachexie)

2. Begrenzte Eindringtiefe des Schallstrahls

- Adipositas permagna
- Stark ausgeprägte Muskulatur
- Verminderte Zwerchfellbeweglichkeit

3. Behinderung der Sonographie durch extreme Impedanzsprünge (am Octoson durch Compoundtechnik von geringerer Bedeutung)

- Totale Reflexion des Schalls an Gas (Meteorismus, nach Endoskopie, Interposition von Darmschlingen)
- Absorption des Schalls an Bariumkontrastmittel

3 Leber

3.1 Indikationen der Ultraschalluntersuchung

- Oberbauchscreening
- Verdacht auf Leberparenchymschaden (Fettleber, Zirrhose)
- Metastasensuche, Staging von Tumoren
- Tumorsuche
- Verdacht auf Leberabszeß oder andere herdförmige Lebererkrankung (Zyste, Adenom, fokal-noduläre Hyperplasie)
- Traumatische Veränderungen

3.2 Anatomie

Topographisch-anatomisch nimmt die Leber den größten Teil des rechten Oberbauchs ein, während sich der linke Leberlappen in das linksseitige Epigastrium erstreckt. Das Ligamentum falciforme hepatis ist als eine gradlinige, reflexgebende Struktur erkennbar, die vom dorsalen Anteil der Leber ausgehend zum Leberhilus zieht. Von der Rückseite der Leber zieht nach medial horizontal ein 6–8 cm langer reflexreicher Bezirk, welcher der Leberpforte mit V. portae, A. hepatica und Ductus choledochus entspricht [28]. Umschriebene Formveränderungen, Vorwölbungen oder Einziehungen der Leberoberfläche sowie eine Verschiebung der normalen Relation zwischen linkem und rechtem Leberlappen sind als Hinweis auf eine pathologische Veränderung zu deuten [28]. Hiervon sind jedoch folgende Formvarianten abzugrenzen: Eine flache Vorwölbung der vorderen Leberkontur um ca. 3–4 cm zwischen dem Rippenbogen wird als Formvariante beschrieben [29]. Häufig zeigt der Lobus caudatus eine Volumenzunahme und ist spitzwinklig oder rundlich konfiguriert. Auch die Ausdehnung des linken Leberlappens nach lateral und des rechten Leberlappens nach kaudal ist sehr unterschiedlich. Dadurch sind sonographisch unterschiedliche Leberformen zu beachten. Atypische Lappen- und Spaltbildungen der Leber, so insbesondere der Riedel-Lappen (vergrößerter rechtsseitiger Leberlappen mit Ausdehnung bis über den unteren Nierenpol) können zu Fehldeutungen führen.

3.3 Sonoanatomie, Form, Reflexmuster, Größenbestimmung

Im Längsschnitt stellt sich die Leber keilförmig dar. Im allgemeinen weist die gesunde Leber eine spitzwinklige und scharfrandige Begrenzung auf. Nur an der Insertion des Ligamentum falciforme hepatis sowie an der kranialen und dorsalen Begrenzung durch das Diaphragma besteht eine physiologische Abrundung der Leberkontur. Im Sagittalschnitt gilt ein Winkel des inferioren linken Leberlappens bis 45°, des inferioren rechtsseitigen Leberlappens bis 75° und im Querschnitt ein solcher des linken Leberlappens bis 45° als normal [28]. Bei einer Lebervergrößerung wird eine Vergrößerung der Winkel in Kombination mit einer Abrundung des Leberrandes beobachtet [29].

Im Längsschnitt münden die Lebervenen unterhalb des Zwerchfells von der Peripherie in die V. cava inferior. Sie zeigen sehr dünne Wandreflexe [28]. Die intrahepatischen Äste der V. portae kommen auf subkostalen Schrägschnitten zur Darstellung. Die V. lienalis sowie der Zusammenfluß mit der V. mesenterica bilden im Querschnitt eine flüssigkeitsgefüllte Struktur, die ventral der A. mesenterica superior liegt. Die V. portae liegt im Querschnitt ventral der V. cava inferior und zweigt sich im Leberhilus in die intrahepatischen Äste auf. Diese intrahepatischen Äste der V. portae sind an ihrer reflexogenen „Uferbegrenzung" erkennbar. Diese Uferbegrenzung wird durch periportales Bindegewebe und die Gefäßwand hervorgerufen. Die intrahepatischen Gallenwege verlaufen ventral der Pfortader in deren unmittelbarer Umgebung.

Es werden verschiedene Meßverfahren des Lebervolumens beschrieben [15, 18]. Koischwitz [18] hat ein sonographisches Meßverfahren zur Bestimmung der Lebergröße aufgezeigt, welches nur eine statistische Fehlerbreite von ± 1,58% hat (Unterschied zwischen sonographisch berechneter und autoptisch mittels Wasserverdrängung am isolierten Organ gemessenen Lebervolumina). Diese Methode ist jedoch kompliziert und zeitraubend. Praktikabel ist die Bestimmung des vertikalen Durchmessers in der Medioklavikularlinie (Durchmesser > 15,5 cm ist pathologisch [15]). Dieses Maß ist für eine langgestreckte Leber bei schlanken Patienten und für eine kurze Leber beim pyknischen Typ jedoch nicht anwendbar.

3.4 Fettleber

Die Verfettung ist die häufigste Hepatose. Ursache der Fettleber ist meist übermäßiger Alkoholgenuß. Sie wird aber auch bei Diabetes mellitus und Überernährung beobachtet.

Die Lebervergrößerung gilt als unspezifisches Symptom. Das Parenchymmuster zeigt eine deutliche Zunahme der Echointensität insbesondere im Vergleich zum normalen Nierenparenchym. Die periportalen Strukturen sind nur noch sehr schwer abzugrenzen. Dieses Phänomen wird durch eine vermehrte Streuung an den vielen akustischen Grenzflächen in der verfetteten Leber verursacht [21]. Das Pankreas ist in vielen Fällen nicht mehr deutlich abgrenzbar. Die

Sonographische Kriterien der Fettleber (Abb. 3.1)

1. Verstärkte, homogene Echostruktur ohne Schallabschwächung
2. Vergrößerung des Organs mit abgerundeter Unterkante

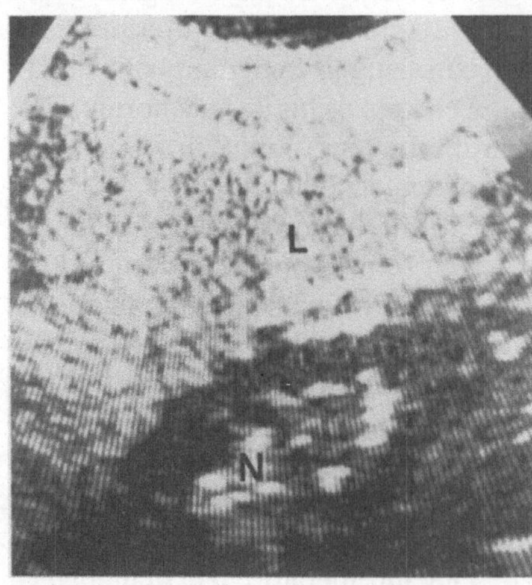

Abb. 3.1. Fettleber. Längsschnitt durch den rechten Leberlappen (Real-time-Gerät). Hepatomegalie mit verstärkter, homogener Echostruktur ohne Schallabschwächung. Die Echogenität des Leberparenchyms *(L)* ist sehr viel stärker als die des Nierenparenchyms (*N* Niere)

Echogenität des Gewebes ist jedoch auch von der Einstellung des Ultraschallgeräts (Verstärkung, Ausgangsleistung) abhängig. So ist bei zu starker Verstärkung oder zu großer Ausgangsleistung eine vermehrte reflexogene Echostruktur der Leber erkennbar. Bei herdförmiger Verfettung kann die Ultraschalluntersuchung einen Primärtumor oder Metastase nicht ausschließen [25]. Zur weiteren Differenzierung sollten eine Computertomographie bzw. Szintigraphie und eine Feinnadelbiopsie durchgeführt werden.

3.5 Leberzirrhose

Pathologie. Auf dem 5. Panamerikanischen Kongreß für Gastroenterologie in Havanna 1956 [6] wurde folgende Einteilung aufgrund des morphologischen Befundes vorgeschlagen:

a) Portale Leberzirrhose
b) Postnekrotische Leberzirrhose
c) Biliäre Leberzirrhose

Sonographische Zeichen. Entsprechend den verschiedenen Formen und Stadien der Leberzirrhose ist sonographisch ein vielfältiges Erscheinungsbild nachweisbar.

Sonographische Kriterien der Leberzirrhose (Abb. 3.2)

1. Veränderungen der Leber
   a) Organvergrößerung/-verkleinerung
   b) Umschriebene Konturveränderungen (Abrundung der Unterkante, höckrige Organoberfläche)
   c) Inhomogene Echostruktur
   d) Anzahl der Lebergefäße in der Peripherie vermindert
   e) Größenzunahme des Lobus caudatus
   f) Dorsale Schallschwächung
   g) Schrumpfung des rechten Leberlappens
   h) Derbe Konsistenz
2. Extrahepatische Veränderungen
   a) Erweiterung des Pfortadersystems, Erweiterung der V. lienalis, Darstellung der V. umbilicalis
   b) Splenomegalie
   c) Aszites

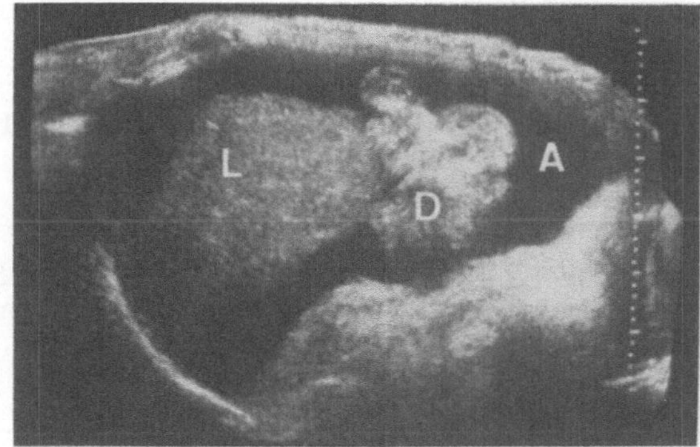

Abb. 3.2. Kleinknotige Leberzirrhose. Längsschnitt durch den rechten Leberlappen (Octoson). Abgerundete untere Leberkante, die Leber *(L)* ist von Aszites *(A)* umgeben; verstärkte dorsale Schallabschwächung in der Leber. (*D* Darmschlingen)

Eine höckrige Organoberfläche ist bei grobknotigen postnekrotischen Lebern erkennbar.

Schwierig ist bei unregelmäßiger Echostruktur der differentialdiagnostische Ausschluß von Lebermetastasen und primären Leberzellkarzinomen, die bei Leberzirrhosen gehäuft auftreten. Zur Klärung müssen bei diesen Fällen zusätzlich Computertomographie, Szintigraphie und Laparoskopie durchgeführt werden. Bei Leberzirrhose sind besonders die Lebergefäße in der Peripherie vermindert (Lebervenen und Äste der V. portae). Bei fortgeschrittener Zirrhose können Lebervenen und Pfortaderäste in der Peripherie kaum oder nicht mehr abgegrenzt werden. Bei Schrumpfung des rechten Leberlappens ist bei fortgeschrittener Leberzirrhose eine relative Größenzunahme des Lobus caudatus nachweisbar. Die dorsale Schallschwächung bei Leberzirrhose ist zuerst von Rettenmaier [21] beschrieben worden. Dieses Kriterium ist aber von der Geräteeinstellung abhängig. Eine Erweiterung der V. lienalis über 2 cm wird als Hinweis auf eine portale Hypertension angesehen [28]. Das Echomuster der vergrößerten Milz ist regelmäßig. Bei ausgedehnter Aszitesbildung ist der rechte Leberlappen allseits von Flüssigkeit umgeben (Abb. 3.2). Jedoch ist in diesen Fällen, in denen die Leber von einem breiten Aszites umgeben ist, die Echostruktur der Leber nur eingeschränkt beurteilbar, da durch den Aszites die Schallwellen nicht geschwächt werden und somit eine scheinbar verstärkte Echostruktur der Leber erkennbar ist.

3.6 Stauungsleber

Es ist eine Lebervergrößerung mit einer vermehrten Schalleitung (durch die vermehrte Blutfülle) nachweisbar. Die Darstellung der erweiterten Venen sowie der erweiterten V. cava inferior sichert die Diagnose. Die normalerweise im Abstand von 2 cm vor der Einmündung in die V. cava inferior 0,4–0,5 cm weiten Lebervenen [29] sind in diesen Fällen über 1 cm erweitert (Abb. 3.3). Die V. cava inferior ist erweitert und zeigt nicht ihre querovale Form, sondern ist rundlich umgeformt. Respiratorische Lumenschwankungen sind nicht mehr erkennbar.

Sonographische Kriterien der Stauungsleber (Abb. 3.3)

1. Lebervergrößerung
2. Vermehrte Schalleitung (Blutfülle)
3. Erweiterte Lebervenen (2 cm vor Einmündung in die Vena cava > 0,5 cm)
4. Erweiterte und rundlich umgeformte V. cava inferior ohne Kaliberschwankungen
5. Evtl. Pleuraerguß, seltener Aszites

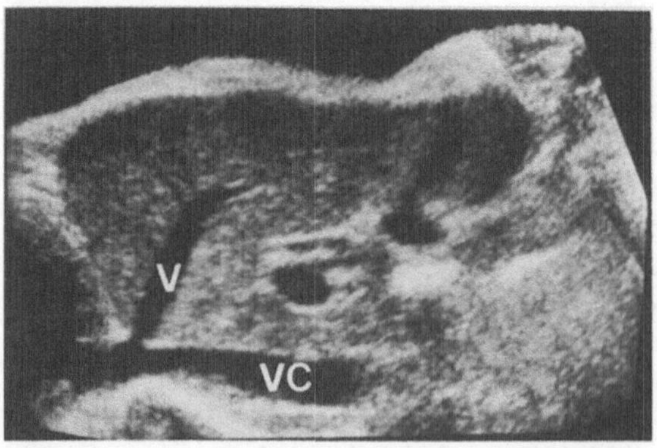

Abb. 3.3. Stauungsleber. Längsschnitt durch die Leber in Höhe der V. cava inferior (Octoson). Erweiterung der Lebervenen *(V)*, die in die ektatische V. cava inferior *(VC)* münden

3.7 Herdförmige Lebererkrankungen

Dysontogenetische Leberzysten

Leberzysten sind Fehlbildungen, die oft mit polyzystischen Veränderungen der Niere kombiniert sind. Die Leberzysten zeigen als flüssigkeitsgefüllte Hohlräume die klassischen Kriterien der Zyste in der Sonographie.

Sonographische Kriterien der Leberzyste (Abb. 3.4 und 3.5)

1. Echofreier Raum
2. Glatte Wand
3. Schallverstärkung hinter der Zyste sowie laterale Schallschattenbildung
4. Rund-ovale Form in 2 Ebenen

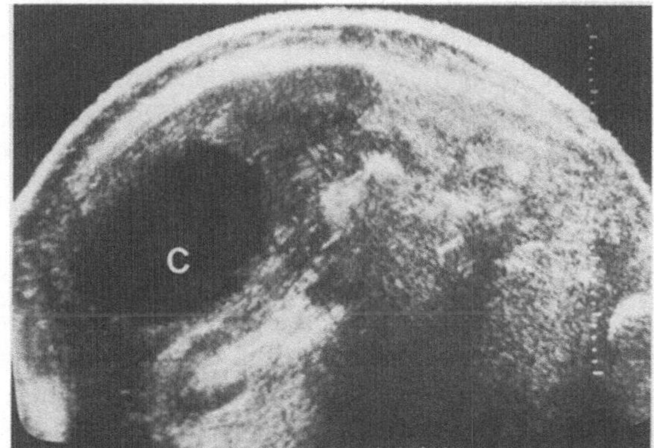

Abb. 3.4. Leberzyste. Transversalschnitt durch den rechten Leberlappen (Octoson). Intrahepatische echofreie, glatt berandete Raumforderung *(C)* mit dorsaler Schallverstärkung

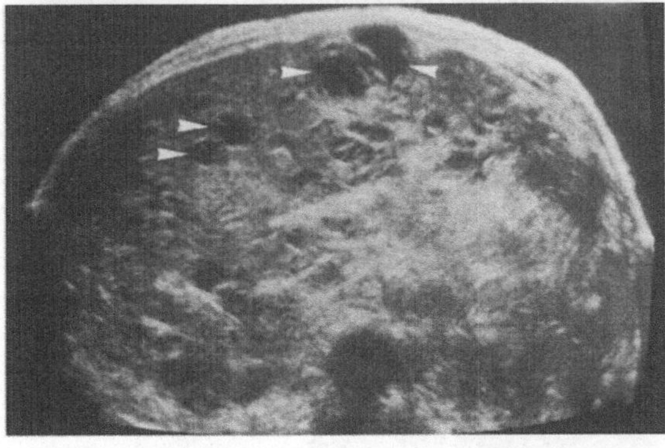

Abb. 3.5. Zystenleber. Transversalschnitt durch beide Leberlappen (Octoson). Multiple, glatt berandete echofreie Raumforderungen *(Pfeile)* in der Leber, die Zysten entsprechen

Subkapsulär gelegene Leberzysten führen zu einer Buckelung der Außenkontur mit Formveränderung. Jedoch können unmittelbar subkapsuläre Zysten, die im Nahbereich des Schallkopfs liegen, leicht übersehen werden (jedoch nicht bei phased array-Geräten). Leberzysten können besser als solide Tumoren erkannt werden, da der Impedanzunterschied zwischen Zysteninhalt und umgebendem Lebergewebe deutlich größer ist, die Nachweisschwelle hängt von der Frequenz des benutzten Schallkopfs sowie der Lage zum Fokus ab.

Leberechinokokkus

Echinococcus cysticus. Es wird der Echinococcus cysticus [7] (durch die Finne des Hundebandwurms - Echinococcus granulosus - hervorgerufen) vom Echinococcus alveolaris (verursacht durch die Finne des Fuchsbandwurms - Echinococcus multilocularis) unterschieden. Aus der inneren Keimschicht der Zyste können sich Tochterzellen bilden. Die Zyste enthält zunächst klare Flüssigkeit, alternde Zysten enthalten dagegen als Inhalt käsiges Material (Cholesterin, Detritus und Parasitenreste) [7].

Sonographische Zeichen (Abb. 3.6). Eine Echinokokkuszyste kann die sonographischen Zeichen einer Leberzyste zeigen: echofreie, glatt konturierte Raumforderung mit dorsaler Schallverstärkung. Sie ist dann von dysontogenetischen Leberzysten nicht zu unterscheiden. Zur weiteren Differenzierung sind Laboruntersuchungen (Komplementbindungsreaktion, Hauttest) erforderlich. Bei dem Auftreten von Tochterzysten entsteht jedoch ein charakteristisches sonographisches Bild.

Sonographische Kriterien des Echinococcus cysticus (Abb. 3.6)

1. Multiple, echofreie Strukturen
2. Innerhalb der Zyste sternartige Bandstrukturen (Wände der Tochterzysten)
3. Verkalkung der Zystenwand

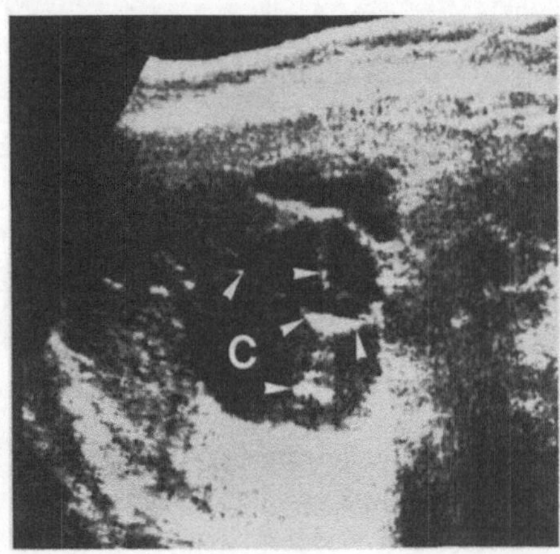

Abb. 3.6. Echinococcus cysticus. Transversalschnitt durch den rechten Leberlappen (Compoundscanner). Im rechten Leberlappen ist ein Zystenkonglomerat *(C)* erkennbar, das durch sternartige Wandstrukturen *(Pfeil)* aufgeteilt ist

Ältere Zysten mit Zystenwandverkalkung zeigen stark echogebende Wände mit Schallschatten. Die Sonographie soll Anzahl, Größe sowie topographische Lage der Zysten bestimmen. Außerdem sollen weitere Zysten in anderen Leberanteilen ausgeschlossen werden. In postoperativen Nachuntersuchungen sollte die Sonographie zum Rezidivausschluß angewandt werden.

Echinococcus alveolaris

Der Echinococcus alveolaris ist seltener als der Echinococcus cysticus. Im Gegensatz zur zystischen Echinokokkuserkrankung wird die alveoläre Form jedoch eher im mittleren und höheren Lebensalter beobachtet. Die Letalität ist bei der alveolären Echinokokkose viel höher als bei der zystischen Form. Der Echinococcus alveolaris wächst in der Leber infiltrativ wie ein Malignom.

> **Sonographische Kriterien des Echinococcus alveolaris** (Abb. 3.7)
>
> 1. Solider echodichter Herd
> 2. Unscharfe Begrenzung, teils polyzyklisch
> 3. Nekrosen mit unregelmäßiger Begrenzung und Detritus

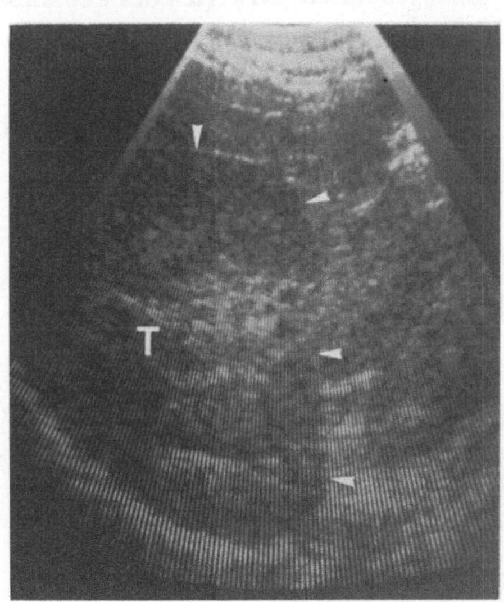

Abb. 3.7. Echinococcus alveolaris. Längsschnitt durch den rechten Leberlappen (Realtime-Gerät). Intrahepatische Läsion *(T, Pfeile)*, mit echodichten Herden sowie echoarmen Anteilen

Es ist ein solider, echodichter Prozeß mit unregelmäßiger Begrenzung erkennbar. Dieser tumorähnliche sonographische Charakter macht eine Differenzierung des Echinococcus alveolaris von Lebermetastasen oder primären Lebertumoren unmöglich.

Leberabszesse

Pathologie. Der pyogene Leberabszeß tritt als Folge einer Cholangitis oder einer hämatogenen Infektion aus dem Bereich des Pfortaderquellgebiets (eitrige Appendizitis, Divertikulitis, zerfallene Kolonkarzinome) auf [7]. Die Mehrzahl der Abszesse (bis zu 80%) finden sich im rechten Leberlappen. Am Rand des Abszesses wird durch granulierende Entzündung eine Membran aufgebaut. Der Abszeßinhalt kann resorbiert werden oder bei Eindickung sekundär verkalken.

Sonographische Zeichen. Das sonographische Bild des Leberabszesses (Abb. 3.8) ändert sich mit den pathologischen Veränderungen [28, 29]. In der Initialphase ist eine Strukturauflockerung erkennbar, die jedoch unspezifisch ist und nicht von Lebertumoren unterschieden werden kann. Sie bildet sich nach Antibiotikagabe zurück.

Es werden auf der Basis der Echogenität 5 Typen von Abszessen unterschieden: echofrei, echoarm, echoreich (mit und ohne Schallverstärkung), Mischtyp und reflektiv. Die echofreie und echoarme Form ist am häufigsten zu beobachten.

Sonographische Kriterien des Leberabszesses (Abb. 3.8)

Initialphasen:
1. Strukturauflockerung
2. Bei subkapsulärer Lage Konturdeformation

Kolliquationsphase:
1. Rundliche, im Zentrum echofreie Prozesse
2. Unregelmäßig begrenzter Rand
3. Im echofreien Zentrum am Boden Echos durch Zelldetritus

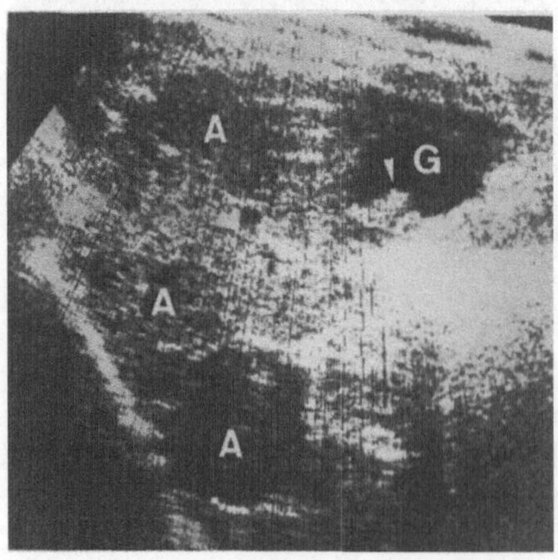

Abb. 3.8. Intrahepatische Leberabszesse in der Initial- und Kolliquationsphase. Längsschnitt durch den rechten Leberlappen (Compoundscan). Kranial sind Strukturauflockerungen erkennbar, die Leberabszessen *(A)* in der Initialphase entsprechen. Kaudodorsal ist eine rundliche, im Zentrum echofreie Läsion erkennbar, die einem Leberabszeß in der Kolliquationsphase entspricht. Nebenbefund: Kleiner Polyp *(Pfeil)* in der Gallenblase *(G)*

In der Kolliquationsphase sind rundliche, im Zentrum echofreie Prozesse mit unregelmäßig begrenztem Saum nachweisbar (Abb. 3.8). Bei Zelldetritus sind am Boden des Abszesses Echos erkennbar. Die Amöbenabszesse zeigen ein identisches Bild. Auffallend ist jedoch die sehr langsame Rückbildung der Abszeßhöhle.

Differentialdiagnose der Leberabszesse

1. Nekrotischer Zerfall bei Tumoren [20, 28] (Abb. 3.16). Bei der vorwiegend gemischten (komplexen) Echostruktur der Leberabszesse ist differentialdiagnostisch ein nekrotisch zerfallender Tumor nicht auszuschließen. In diesen Fällen muß eine ultraschallgezielte Punktion mit anschließender zytologischer und bakterieller Untersuchung des Punktats zum Ausschluß einer Neoplasie durchgeführt werden. Die Unterscheidung ist auch durch die klinischen Symptome möglich.
2. Leberhämatome [20] (Abb. 3.9). Bei traumatischen Veränderungen der Leber mit Leberhämatom ist im Sonogramm die Organkontur unterbrochen, und das Parenchym zeigt eine inhomogene Echostruktur. Häufig lassen sich zwischen Bauchwand und Leber sowie intrahepatisch unregelmäßig begrenzte Läsionen mit gemischter (solider und zystischer) Echostruktur erkennen.
3. Infizierte Zyste [20] oder Zyste mit Blutung

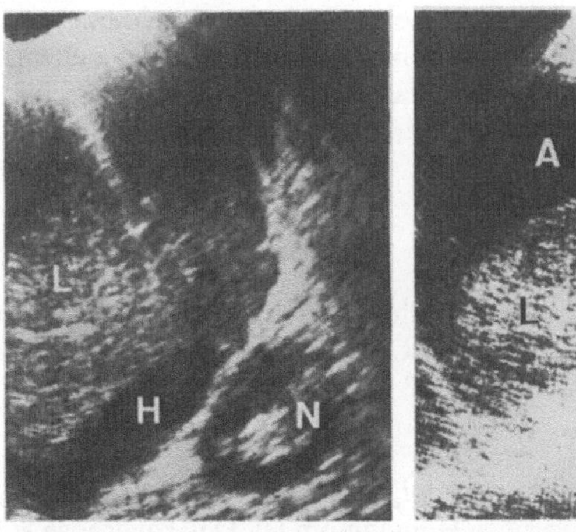

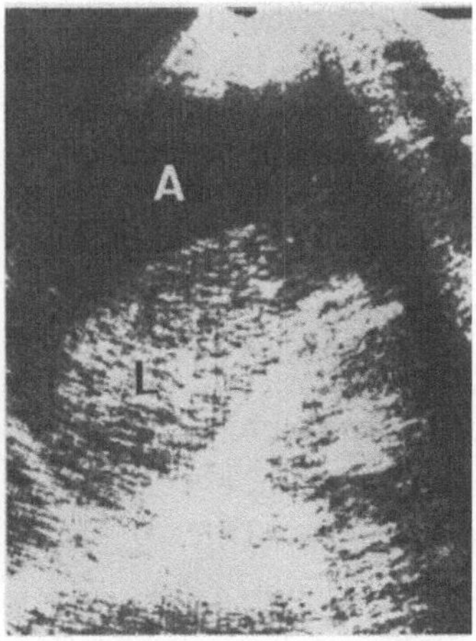

Abb. 3.9. Subkapsuläres Leberhämatom. Schrägschnitt durch den rechten Leberlappen (Compoundscanner). An der dorsokaudalen und kranialen Leberkontur ist subkapsulär eine echofreie Raumforderung *(H)* erkennbar. (*L* Leber, *N* Niere)

Abb. 3.10. Subphrenischer Abszeß. Längsschnitt durch den linken Leberlappen (Compoundscanner). Oberhalb der Leber ist eine ellipsoide echofreie Läsion *(A)* erkennbar, die zwischen Leberkapsel und Diaphragma liegt. Die Leberkontur ist leicht imprimiert. Die Unterscheidung Abszeß/Hämatom ist in diesem Fall nicht möglich

3.11 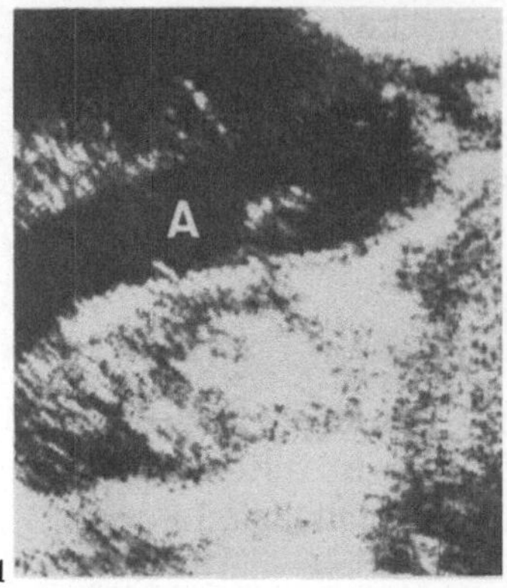

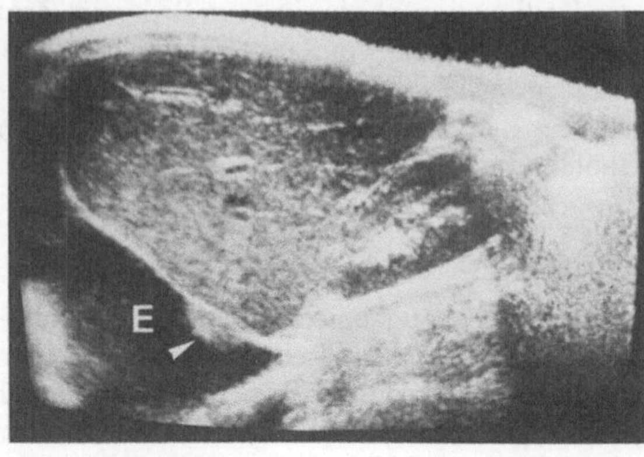 3.12

Abb. 3.11. Abszeß im Spatium hepatorenale und subphrenisch. Längsschnitt durch den linken Leberlappen (Compoundscanner). Unterhalb und oberhalb der Leber ist eine länglich ellipsoide Läsion *(A)* erkennbar, die subhepatisch einzelne Echos enthält. Darunter ist die linke Niere dargestellt

Abb. 3.12. Maligner Pleuraerguß mit pleuraler Metastase. Längsschnitt durch die Leber (Octoson). Oberhalb des Zwerchfells ist Flüssigkeit *(E)* erkennbar. Eine ovaläre, solide Struktur *(Pfeil)* sitzt der Pleura diaphragmatica auf (pleurale Metastase). In diesem Fall konnte die Sonographie die Genese des Ergusses abklären

Unterscheidung zwischen intrahepatischem, subhepatischem sowie subphrenischem Abszeß und Pleuraerguß

Rechtsseitige subphrenische Abszesse (Abb. 3.10) zeigen eine ellipsoide Konfiguration, sind glatt berandet und liegen zwischen Leberkapsel und Diaphragma, wobei die Leberkontur häufig eine flache Impression zeigt. *Subhepatische Abszesse* (Abb. 3.11) sind zwischen der Unterfläche der Leber und der ventralen Kontur der rechten Niere lokalisiert [29]. Der *rechtsseitige Pleuraerguß* zeigt sich als Flüssigkeitsansammlung kranial der Leber und des Diaphragmas (Abb. 3.12).

Lebertumoren

Lebertumoren können mesenchymaler oder epithelialer Natur sein oder auch aus einer Kombination beider Gewebearten bestehen.

Hämangiome

Pathologie. Der häufigste benigne mesenchymale Lebertumor im Erwachsenenalter ist das kavernöse Hämangiom [7]. Das kavernöse Hämangiom ist aus großen blutführenden Hohlräumen aufgebaut, die durch schmale fibröse Septen aufgeteilt werden. In den Hämangiomen kann es zu degenerativen Veränderungen mit zentral beginnender Verödung und Fibrosierung sowie auch zur Thrombosierung mit folgender Hyalinisierung und Verkalkung kommen.
Die Echostruktur der Hämangiome wird in der Literatur unterschiedlich beschrieben [12]. Es wurden 14 Hämangiome als echodicht sowie 10 als echoarm

Sonographische Kriterien der Hämangiome (Abb. 3.13)

1. Veränderte Echostruktur
   - Echoreich, evtl. mit echoarmem Zentrum
   - Zystisch
2. Konturveränderung der Leber (bei randständiger Lage)

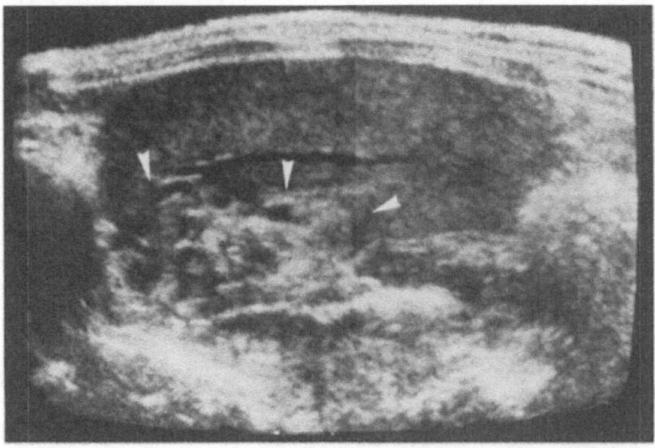

Abb. 3.13. Kavernöses Hämangiom der Leber. Längsschnitt durch den rechten Leberlappen (Octoson). In den dorsokranialen Abschnitten ist ein Tumor *(Pfeil)* mit multiplen echofreien Arealen erkennbar

beschrieben [12]. Die unterschiedlichen sonographischen Bilder sind durch die Anzahl der Grenzflächen und den unterschiedlichen Flüssigkeitsanteil der Hämangiome erklärbar. So hängt die Echostruktur im wesentlichen von der Größe der flüssigkeitsgefüllten Hohlräume, vom Anteil der fibrösen Gewebeanteile und vom Auflösungsvermögen des Schallkopfs ab. Histologisch nachgewiesene Mikroverkalkungen können eine echodichte Struktur verursachen.

Fokal-noduläre Hyperplasie (FNH)

Die FNH ist eine meist solitär und subkapsulär vorkommende gutartige Veränderung der Leber [24]. Sie besteht aus hyperplastischem Parenchym, fibrösen Septen und Gallengängen. Der Nachweis eines Kausalzusammenhangs zwischen der Einnahme von oralen Kontrazeptiva und der Induktion von Leberzelltumoren liegt noch nicht vor. Aufgrund von retrospektiven epidemiologischen Untersuchungen muß aber ein Zusammenhang angenommen werden. Andere Autoren bezweifeln dies jedoch, da die FNH auch bei Männern und ebenso bei Kindern beobachtet wird [2]. Orale Kontrazeptiva fördern das Wachstum von FNH-Knoten [24].

Sonographische Zeichen. Bei der fokal-nodulären Hyperplasie ist eine Raumforderung mit meistens echodichterer Struktur als das umgebende Lebergewebe nachweisbar. Sie zeigt ein homogenes, leicht verstärktes Echomuster, das sich vom normalen Gewebe bei der Real-time-Untersuchung nur schwach abhebt.

Sonographische Kriterien der FNH (Abb. 3.14)

1. Veränderte Echostruktur, solitärer Herd
   - Echoreicher als das Leberparenchym, homogen
   - Echoärmer als das Leberparenchym
   - Echogleich wie das Leberparenchym
2. Konturveränderung der Leber, Gefäßverlagerungen

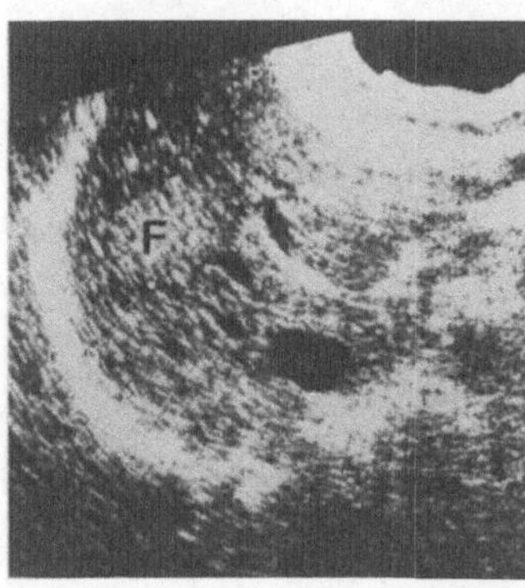

Abb. 3.14. Fokal-noduläre Hyperplasie. Schrägschnitt durch den rechten Leberlappen (Compoundscanner). Echodichte, gut abgrenzbare Läsion *(F)*

In den bisher veröffentlichten Fallbeschreibungen zeigte die FNH eine unterschiedliche, meistens leicht verstärkte, homogene Echostruktur [2]. Es sind jedoch bei der fokal-nodulären Hyperplasie auch echoarme und zum Lebergewebe echogleiche sonographische Bilder beschrieben worden [22]. Die echoarmen Areale innerhalb der FNH werden als Blutungen oder Nekrosen interpretiert. Bei dem nur geringen Impedanzunterschied zwischen normalem Lebergewebe und der fokal-nodulären Hyperplasie ist anzunehmen, daß kleinere FNH-Herde dem Ultraschall entgehen können. Auch Leberzelladenome zeigen unterschiedliche sonographische Bildmerkmale (s. u.). Deshalb erscheint die Differenzierung FNH/Leberzelladenom aufgrund des sonographischen Bildes schwierig.

Bei allen gutartigen Lebertumoren kann sonographisch nur die Diagnose einer soliden intrahepatischen Läsion gestellt werden. Eine *Beurteilung der Dignität* ist sonographisch nicht möglich; hierzu sind weitere Untersuchungen erforderlich.

Leberadenome (Abb. 3.15)

Die Adenome der Leber können sich von den Leberzellen oder von den Gallengängen aus bilden. Im Sonogramm sind echodichte oder echoarme Knoten erkennbar. Die Sonographie kann somit nicht zwischen Adenom, FNH sowie Metastase differenzieren.

Abb. 3.15. Leberzelladenom. Schrägschnitt durch den rechten Leberlappen (Octoson). Im rechten Leberlappen ist eine echodichte, glatt berandete Läsion *(A)* erkennbar

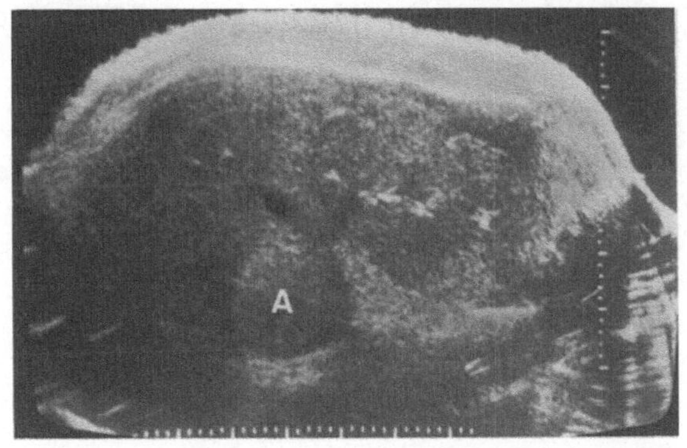

Primäres Leberkarzinom

Pathologie. In Mitteleuropa und den USA sind nur ca. 3% aller primär bösartigen Tumoren Lebermalignome. In Südafrika ist das Leberkarzinom mit über 50% der am häufigsten vorkommenden maligne Tumor. Auch in Südostasien ist das primäre Leberzellkarzinom der am häufigsten nachgewiesene maligne Tumor [8]. Von den primären Lebermalignomen sind 75% Leberzellkarzinome. In den letzten Jahren ist eine Zunahme der malignen Leberzelltumoren zu beobachten, wobei die zunehmende Verwendung lebertoxischer Substanzen sowie die große Zahl der chronisch-infektiösen Lebererkrankungen und Zirrhosen als Ursachen diskutiert werden [8]. Bevorzugt betroffen sind Männer zwischen dem 40. und 60. Lebensjahr. In Mitteleuropa entstehen die Leberzellkarzinome überwiegend auf dem Boden einer Leberzirrhose.

Der Tumor wächst solitär, diffus oder multilokulär [8].

Sonographische Zeichen (Abb. 3.16). In vielen Fällen liegt gleichzeitig eine Leberzirrhose vor. Die Tumoren sind z. T. sehr groß, teilweise reicht der Tumor bis zur Leberpforte. Auch ein multilokuläres Tumorwachstum bzw. eine Metastasierung mit Ausdehnung in beide Leberlappen ist nachweisbar. Die Kontur der Leber ist bei randständiger Lage deformiert. Eine Aufweitung des Gallensystems ist z. T. erkennbar, ebenso verlagerte Gefäßstrukturen. Es wird eine verstärkte, unregelmäßige Echostruktur mit zentraler echoarmer Struktur (als Hinweis auf Nekrose oder Blutung) sowie ein unregelmäßiges Echomuster beschrieben [17]. Bei allen positiven Sonographien ist nur die Diagnose „Lebertumor“ möglich. Zwischen einer großen solitären Metastase sowie einem primären Leberzellkarzinom kann jedoch nicht differenziert werden. Die begleitende Leberzirrhose sowie der fehlende Nachweis eines Primärtumors sind häufig Hinweise auf das primäre Leberzellkarzinom. Eine exakte Klassifizierung nachgewiesener Lebertumoren in bezug auf Dignität oder primär-intrahepatische Lokalisation ist sonographisch jedoch nicht möglich. Hierzu ist eine weitere histologische Abklärung durch Punktion erforderlich [19]. Die unterschiedlichen sonographischen Bilder intrahepatischer Tumoren spiegeln die unterschiedliche Tumorarchitektur wider. Im Zusammenhang mit weiteren klinischen Informationen ist in einigen Fällen eine approximative diagnostische Aussage möglich.

Sonographische Kriterien des Leberzellkarzinoms (Abb. 3.16)

1. Veränderte Echostruktur
   - Verstärkte, unregelmäßige Echostruktur
   - Zentrale Nekrosen (Abb. 3.16 a)
   - Echoarme Struktur
2. Gleichzeitig Zeichen der Leberzirrhose (häufig)
3. Konturdeformität der Leber

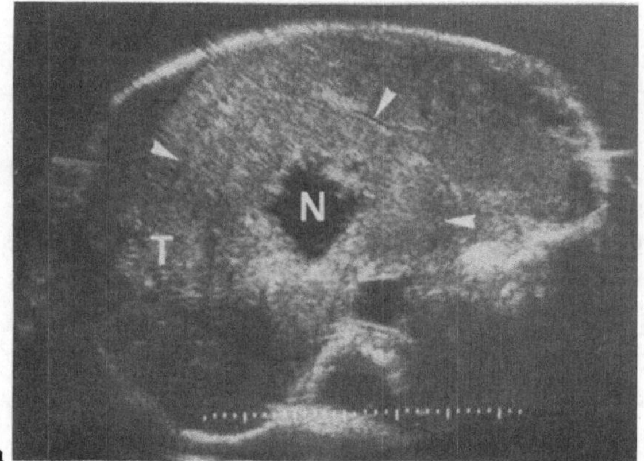

a

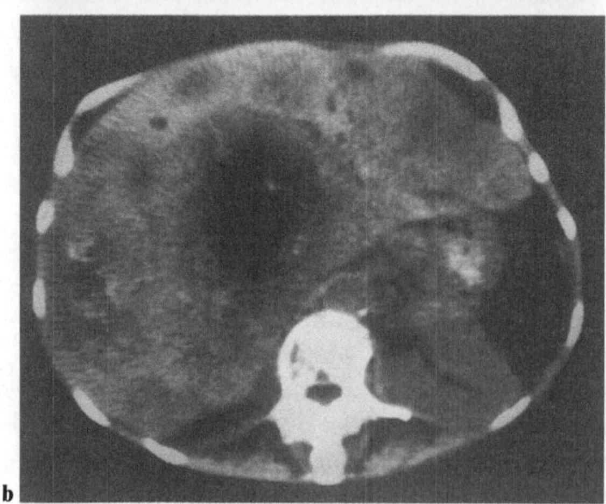
b

Abb. 3.16 a, b. Nekrotisches Leberzellkarzinom. **a** Transversalschnitt durch die Leber (Octoson). Großer, schlecht abgrenzbarer Tumor *(Pfeile)* in der Leber mit unregelmäßig begrenzter Nekrosehöhle *(N)* sowie weiteren Tumorherden *(T)* im rechten Leberlappen. **b** Computertomographie (nach Kontrastmittelinjektion). Der große Tumorherd mit Nekrose ist gut abgrenzbar. Auch die weiteren Tumorherde kommen gut zur Darstellung

Lebermetastasen

Die Leber steht unter allen Organen, in denen Metastasen beobachtet werden, an erster Stelle. Die Voraussetzung für die Ansiedlung von Lebermetastasen ist durch die Filterfunktion der Leber gegeben.

Sonographische Kriterien. Bei den sonographischen Kriterien der Lebermetastasen kann zwischen indirekten und direkten Zeichen unterschieden werden [28].

Neben den indirekten Hinweisen ist eine Änderung der Echostruktur der direkte Hinweis auf eine Lebermetastase. Es werden unterschiedliche Reflexmuster bei Lebermetastasen beschrieben [19].

Indirekte Kriterien der Lebermetastasen (Konturveränderungen der Leber)

1. Vorwölbung der Leberkontur
2. Abrundung des normalerweise spitzwinkligen Leberrandes
3. Verlagerung von Gefäßen und Gallengängen
4. Hepatomegalie

Direkte sonographische Kriterien der Lebermetastasen (veränderte Echostruktur)

Typ 1: Echofrei, zystisch mit distaler Schallverstärkung
Typ 2: Schwach echogebend (Abb. 3.17)
Typ 3: Echoreich (homogen) (Abb. 3.18)
Typ 4: Echoreich mit echoarmem Randbezirk (Targetläsion) (Abb. 3.19)
Typ 5: Echoreich mit echoarmem Zentrum („bulls eye“) (Abb. 3.20)
Typ 6: Extrem echoreich mit distaler Schattenzone durch Verkalkungen (Abb. 3.21)
Typ 7: Kombination verschiedener Echomuster (Abb. 3.22)
Typ 8: Diffuse Tumorinfiltration

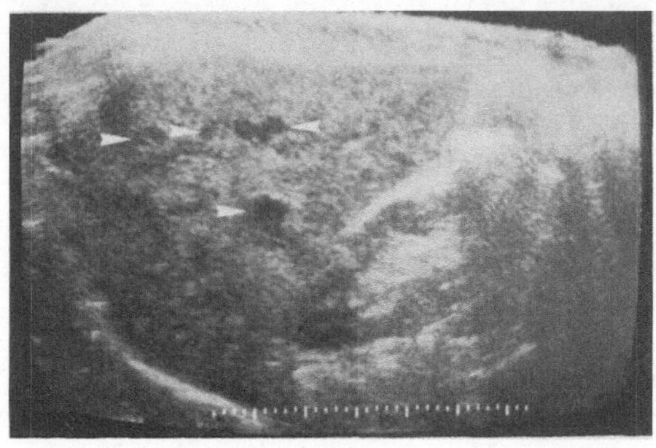

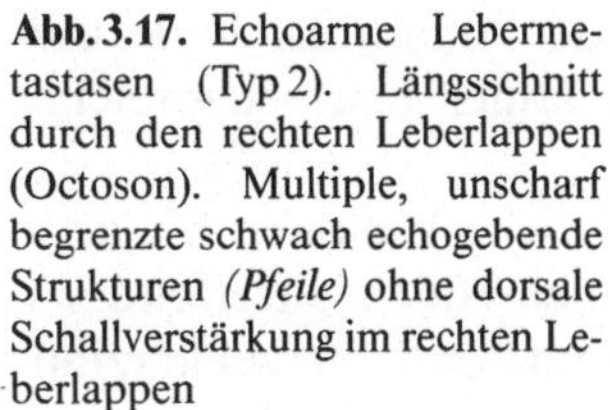

Abb. 3.17. Echoarme Lebermetastasen (Typ 2). Längsschnitt durch den rechten Leberlappen (Octoson). Multiple, unscharf begrenzte schwach echogebende Strukturen *(Pfeile)* ohne dorsale Schallverstärkung im rechten Leberlappen

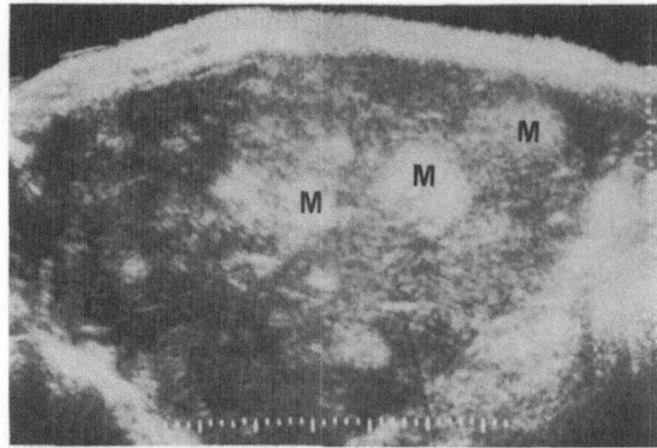

Abb. 3.18. Multiple homogen echoreiche Metastasen (Typ 3). Längsschnitt durch den rechten Leberlappen (Octoson). Mehrere echoreiche, unscharf begrenzte Läsionen *(M)* im rechten Leberlappen

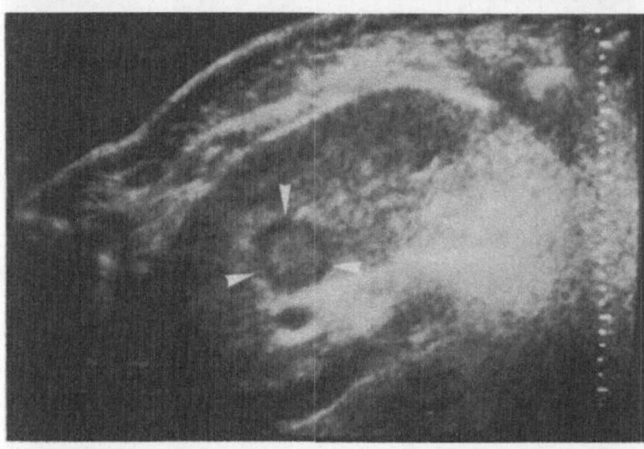

Abb. 3.19. Echoreiche Metastasen mit echoarmem Randbezirk (Typ 4). Längsschnitt (Octoson). Echoreicher Herd *(Pfeile)* mit echoarmer Randform (Targetläsion) in der Leber

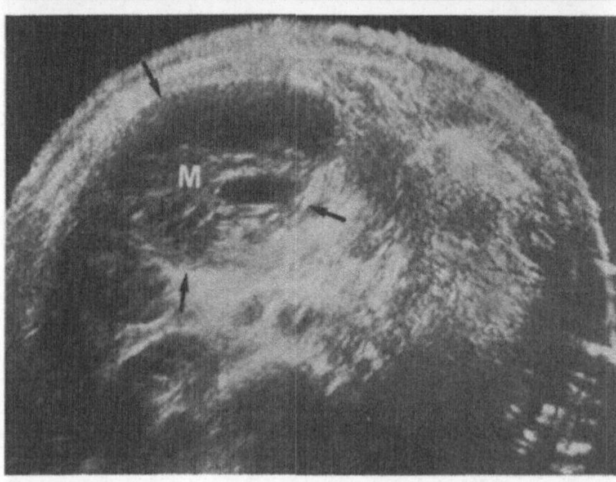

Abb. 3.20. Echoreiche Läsion mit echoarmem Zentrum („bulls eye"). Transversalschnitt durch den rechten Leberlappen (Octoson). In den ventralen Abschnitten des rechten Leberlappens ist eine große echoreiche Läsion *(M, Pfeile)* mit echoarmem Zentrum erkennbar. Im ventralen Anteil zeigt die Läsion auch echoarme Bereiche

Es besteht keine eindeutige Korrelation zwischen der Tumorhistologie und dem sonographischen Erscheinungsbild (d.h. echoarmer bzw. echoreicher Struktur) [19].

Auch die Auffassung einiger Autoren, daß echoreiche Läsionen Metastasen eines Adenokarzinoms entsprechen, ist nicht in allen Fällen zutreffend.

Auffallend ist die vermehrte Echostruktur von primären Leberzellkarzinomen sowie Metastasen von Adenokarzinomen des Magen-Darm-Trakts (Ko-

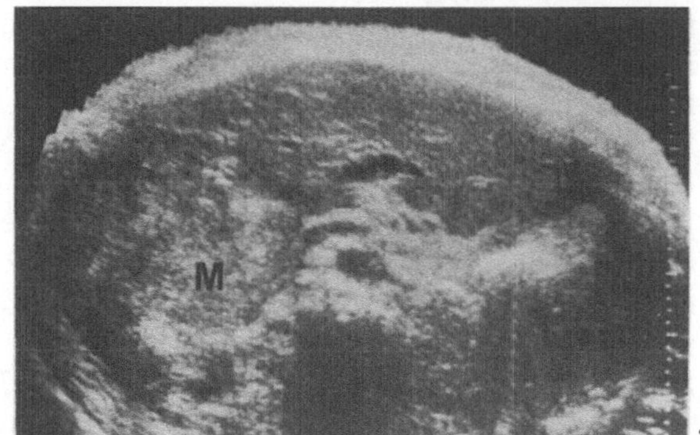

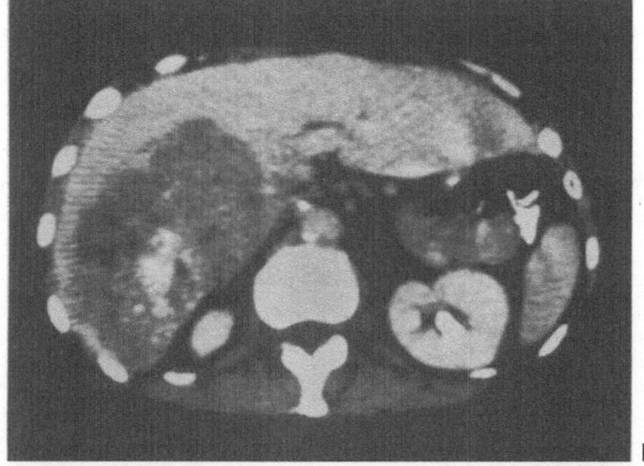

Abb. 3.21 a, b. Verkalkte Metastase bei Kolonkarzinom.
a Transversalschnitt (Octoson). Echodichte, unscharf begrenzte Läsion *(M)* im rechten Leberlappen. Durch den Compoundeffekt kein Nachweis eines Schallschattens am Octoson.
b Computertomographie. Die Läsion enthält Verkalkungen und ist in den dorsalen Anteilen der Leber gut erkennbar

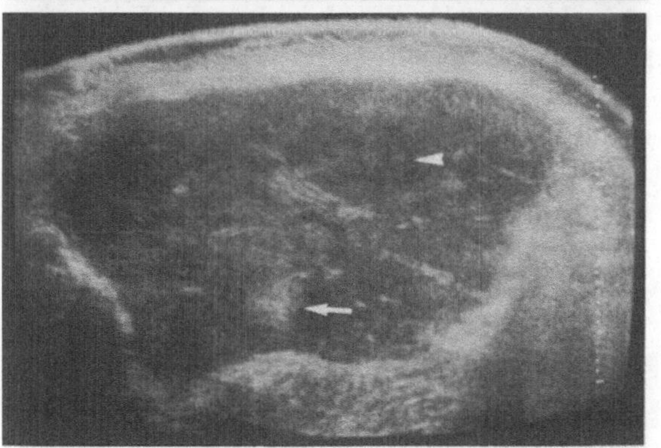

Abb. 3.22. Lebermetastasierung (Kombination von verschiedenen Echomustern). Längsschnitt durch die Leber (Octoson). Inhomogene Echostruktur. Dorsal ist ein echoreicher Herd (→) erkennbar, kranial eine echoarme Läsion (▶). Dazwischen eine zum Leberparenchym fast echogleiche Raumforderung mit echoarmem Rand

lon, Sigma, Rektum, Magen und Ösophagus) sowie Teratokarzinomen des Hodens und Bronchuskarzinomen (Abb. 3.18) [19]. Die echoarmen Metastasen (Abb. 3.17) werden vorwiegend von epithelialen Karzinomen gebildet (Mammakarzinom, Plattenepithelkarzinom des Bronchialsystems, Melanom, Karzinoid, maligne Lymphome) [19]. Ringförmige Metastasen können bei verschiedenen Tumoren nachgewiesen werden (primäres Leberzellkarzinom, Metastasen von Kolonkarzinomen, Mammakarzinomen). Metastasen, die im Zentrum nekrotisch sind (Abb. 3.30), sind bei Adenokarzinomen und Zystadenokarzinomen des Ovars und Pankreas sowie bei Sarkommetastasen nachweisbar. Verkalkte Metastasen (Abb. 3.21) sind bei primären Leberkarzinomen und Kolonkarzinomen beschrieben worden. Die echodichte Struktur der hepatozellulären Karzinome sowie der Adenokarzinome ist durch den hohen Vaskularisationsgrad zu erklären. Die Echostruktur der Gewebe hängt von der Anzahl der Grenzflächen im Gewebe ab. Somit muß das starke Reflexmuster als Ausdruck einer Vermehrung der Grenzflächen angesehen werden. Ein interessantes Phänomen ist das gleichzeitige Vorliegen echodichter und echoarmer isolierter Tumoren (Abb. 3.22), wie sie von Koischwitz [19] bei 3 Fällen beobachtet wurde.

Bei Solitärmetastasen ist immer eine Computertomographie mit Bolusinjektion von Kontrastmittel (Angio-CT) erforderlich, um die Diagnose der Solitärmetastase zu stützen, da bei einer Solitärmetastase der Leber auch ein benigner oder maligner primärer Lebertumor diskutiert werden muß. Ist nach Anwendung aller bildgebenden Verfahren (Sonographie, Computertomographie, Nuklearmedizin) die Genese einer Raumforderung unklar, muß eine ultraschallgezielte Feinnadelbiopsie durchgeführt werden.

Leberbefall bei malignen Systemerkrankungen

Bei malignen Systemerkrankungen ist die Leber nach der Milz am häufigsten beteiligt. Pathologisch-anatomisch ist eine Hepatomegalie erkennbar. Die diffuse Form der leukotischen Infiltration ist häufig, außerdem kann eine noduläre Infiltration hinzutreten. Dann sind mehr oder weniger scharf begrenzte, meist kleinere Herde erkennbar. Im Endstadium der Lymphogranulomatose sind makroskopisch zahlreiche helle Knötchen und Knoten nachweisbar.

Non-Hodgkin-Lymphome rufen in der Leber unterschiedlich große, teils elastisch weiche, teils derbe tumoröse Knoten hervor [7].

Sonographische Zeichen (Abb. 3.23). Sonographisch ist eine Hepatomegalie mit Abrundung der glatten Leberränder erkennbar. Außerdem ist eine verminderte

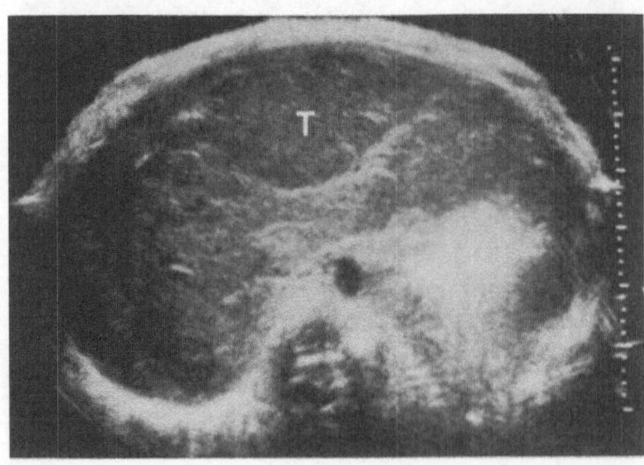

Abb. 3.23. Leberbefall bei M. Hodgkin. Transversalschnitt durch die Leber (Octoson). In den ventralen Abschnitten ist eine echoarme Läsion *(T)* erkennbar, die einer Infiltration der Leber bei M. Hodgkin entspricht

Echostruktur mit guter Schalleitung nachweisbar. Bei nodulärem Leberbefall sind unregelmäßige echoärmere Herde zu erkennen.

Sonographische Kriterien des Leberbefalls bei lymphatischen Systemerkrankungen

1. Hepatomegalie
2. Nodulärer Befall
3. Große echoarme Infiltrate (Abb. 3.23)
4. „Schneegestöber" [29]

3.8 Wertung und Integration

Ein normaler sonographischer Befund schließt eine beginnende Leberparenchymschädigung bei Fettleber, Hepatitis oder Leberzirrhose nicht aus.

Bei generalisierter Fettleber hat die Sonographie eine Treffsicherheit von 90% [27]. Die Leberzirrhose ist im Sonogramm mit einer Genauigkeit von bis zu 85% erkennbar [3], jedoch hat die Szintigraphie die höchste Genauigkeit; deshalb sollte bei Verdacht auf Leberzirrhose die Szintigraphie als Erstuntersuchung durchgeführt werden.

Bei Verdacht auf fokale Verfettung kann die Szintigraphie die weitere Abklärung erbringen. Auch eine Computertomographie kann zur Abklärung erfolgen. Eine chronische aggressive oder persistierende Hepatitis ohne Zirrhose kann sonographisch nicht diagnostiziert werden. Bei der Suche nach fokalen Leberveränderungen (z. B. Metastasen) wird die Sonographie als Erstuntersuchung eingesetzt [28, 29].

Moderne Geräte können bei guten Untersuchungsbedingungen Raumforderungen der Leber ab einer Größe von 0,5–1 cm nachweisen [3, 29]. Durch das physikalische Prinzip des Ultraschalls kann die Sonographie auch mit hoher Genauigkeit zwischen soliden und zystischen Läsionen differenzieren. Bei Nachweis einer solitären, glatt berandeten zystischen Raumforderung mit dorsaler Schallverstärkung ist die Diagnose einer Leberzyste zu stellen.

Bei Fragen nach Leberabszeß ist die Sonographie die Erstuntersuchung.

Sonographisch sind bei Nachweis eines Abszesses eine solide Läsion oder multifokale Areale mit zystischer oder komplexer Echostruktur erkennbar. Ein nekrotisch zerfallender Tumor oder eine Metastase kann sonographisch nicht ausgeschlossen werden. Als nächste Untersuchung ist zur weiteren Abklärung die ultraschallgezielte Punktion mit der Möglichkeit der zytologischen und bakteriologischen Untersuchung indiziert. Gleichzeitig kann auch der Abszeß drainiert werden.

Die zystische Echinokokkose ist im Ultraschall durch den Nachweis einer zystischen komplexen oder soliden Raumforderung charakterisiert. Der Zystennachweis ist jedoch unspezifisch. Nur vereinzelt ist durch den Nachweis der endozystischen Tochterblasen (Zyste in der Zyste, sternartige Septierung einer Zyste) eine artspezifische Diagnose möglich.

Beim Nachweis einer soliden Raumforderung ist die Diagnose einer Tumormetastase, eines primären Lebertumors oder eines Leberbefalls bei Hodgkin- bzw. Non-Hodgkin-Lymphomen zu stellen [19, 28, 29]. Die Nachweisgrenze liegt bei 0,5–1 cm. Bei großen Impedanzunterschieden ist die Nachweisgrenze niedriger. Es werden 8 unterschiedliche sonographische Bilder von Lebermetastasen beschrieben [19]. Es ist nicht möglich, von der sonographischen Struktur auf den feingeweblichen Aufbau eines Tumors zu schließen. Tumoren mit ähnlichem histologischem Aufbau zeigen unterschiedliche sonographische Bilder.

Die FNH zeigt im Technetium-Schwefel-Kolloid-Szintigramm im Gegensatz zum Adenom in 50% der Fälle einen normalen Befund; das hepatobiliäre Szintigramm (IDA) zeigt in 30% der Fälle bei der FNH eine Positivanreicherung.

Die Erkennbarkeit von Metastasen bei der Leberszintigraphie ist von ihrer Lage und Größe abhängig. So führen oberflächliche oder randständig gelegene Metastasen auch bei geringer Größe (2 cm) zu einem Speicherdefekt. Dagegen können in der Tiefe gelegene Metastasen durch das umgebende normale, das Kolloid speichernde Lebergewebe vollständig überdeckt werden (Nachweisgrenze 3–4 cm).

Es ist aber mit der Emissionscomputertomographie eine Verbesserung des Auflösungsvermögens (2 cm in allen Anteilen der Leber, d. h. auch in der Tiefe) zu erreichen [5, 11]. Dann kann die Szintigraphie, die nicht arbeitsintensiv und im Gegensatz zur Sonographie vom Untersucher unabhängig ist, als Erstuntersuchung angewandt werden. Die Emissionscomputertomographie hat eine bessere topographische Zuordnung von fokalen Prozessen, eine überlagerungsfreie Abgrenzung der Läsionen und eine günstigere Auflösung in den zentralen Leberanteilen.

Die Szintigraphie kann jedoch keine weitere Aussage über die Natur der Läsion (z. B. Normvariante, Zyste, Tumor) machen. Bei positivem szintigraphischem Befund muß somit zur weiteren Abklärung eine Sonographie oder Computertomographie durchgeführt werden.

Die *Vorteile der Computertomographie* sind:
1. Standardisierte, reproduzierbare Bedingungen.
2. Die Bildherstellung ist unabhängig vom Ausbildungsstand des Untersuchers.
3. Die Röntgenstrahlen zeigen eine orthograde Ausbreitung; somit ist eine exakte Ortsregistrierung mit rechnerischer Rekonstruktion möglich. (Im Ultraschall sind diese Bedingungen nicht gegeben.)
4. Möglichkeit der Kontrasmittelinjektion mit Aussagen zur Gefäßversorgung und Gefäßarchitektur.

Nur bei Leberverfettung sowie bei Leberzirrhose mit unregelmäßiger Struktur der Leber ist die Sonographie der Computertomographie beim Nachweis fokaler Leberveränderungen evtl. überlegen. Deshalb sollte bei Leberverfettung und Leberzirrhose jeder computertomographische Befund durch die Sonographie kontrolliert werden. Jedoch ist bei Fettleber und Leberzirrhose durch Anwendung der CT mit Kontrastmittel die Erkennbarkeit von umschriebenen Leberveränderungen deutlich gebessert.

Falsch-positive Ergebnisse der Computertomographie sind durch Äste der V. portae und Artefakte bedingt. Falsch-negative CT-Befunde sind bei diffuser fettiger Infiltration der Leber mit hypodensen Arealen, in denen Metastasen nicht mehr abzugrenzen waren, zu beobachten. Bei Patienten mit Leberzirrhose ist im Computertomogramm das Strukturmuster häufig unruhig. Hier können hepatozelluläre Karzinome als isodense Herde nicht mehr erkennbar sein.

Die Indikation zur selektiven Leberangiographie ist seit der Einführung der Computertomographie und Sonographie nur noch dann gegeben, wenn die Genese und Dignität eines Leberprozesses nach sonographischer und computertomographischer Untersuchung mit Angio-CT unklar bleibt. Außerdem hat die Angiographie für das operativ-taktische Vorgehen gegenüber Sonographie, Szintigraphie und Computertomographie noch einen wesentlichen Informationswert, da sie mit dem Nachweis anatomischer Anomalien und Varianten der Gefäßversorgung [10] sowie eines Tumoreinbruchs in die Pfortader oder V. cava inferior eindeutige und dem Operateur wichtige Informationen für den geplanten Eingriff liefert. Wenn eine Läsion zur Verdrängung am Gefäßsystem führt oder sich durch Hypervaskularisation vom Gefäßbild der Leber abhebt, kann die Angiographie eine sichere Aussage über Lokalisation und Ausdehnung eines raumfordernden Prozesses machen. Durch die Gefäßversorgung kann die Organzugehörigkeit einer Läsion bestimmt werden. Hypovaskularisierte Prozesse (Metastasen oder thrombosierte Hämangiome) sind erst ab einer Größe von 2–3 cm erkennbar. Dagegen sind hypervaskularisierte Raumforderungen auch unter 2 cm Durchmesser nachweisbar. In den zentralen Regionen der Leber sind aufgrund der Überlagerung von Gefäßen kleinere Läsionen schwieriger zu erkennen als in den peripheren Abschnitten.

Die Treffsicherheit der Sonographie bei der Diagnostik von herdförmigen Leberveränderungen liegt bei bis zu 90–94% [3, 28] (Tab. 3.1). Die Werte für die

Tabelle 3.1. Zusammenstellung der Ergebnisse anderer Autoren mit Sonographie, Szintigraphie und Computertomographie bei fokalen Leberveränderungen

Methode	Autor		Jahr	Anzahl der Untersuchungen	Treffsicherheit [%]	Spezifität [%]	Sensitivität [%]
Sonographie	Beyer et al.	[3]	1982	356	94,4	97,8	90,6
	Triller	[28]	1980	218	89,4	86,8	92,3
	Snow et al.	[26]	1979	94	–	50,0	75,0
	Bryan et al.	[9]	1977	51	–	90,0	93,0
Szintigraphie	Biersack et al.	[4]	1979	139	76,2	72,7	80,6
	Frühling	[13]	1980	780	84,7	83,3	87,2
Computertomographie	Snow et al.	[26]	1979	94	–	86,0	96,0
	Bryan et al.	[9]	1977	51	–	100,0	85,0

Computertomographie, insbesondere nach KM-Bolus-Gabe, sind aber etwas besser und liegen über 90–94%. Die Angiographie zeigt am besten die arterielle Versorgung der Läsion. Die Szintigraphie hat eine geringere Trefferquote, sie kann jedoch insbesondere in der Kombination mit Tumormarkern [1] als Suchmethode angewandt werden. Die Treffsicherheit der Szintigraphie beträgt mit der Single-Photonen-Emissions-Computertomographie (SPECT) 92% [11]. Eine Trefferquote von 95% ergab sich bei der Kombination von Emissionscomputertomographie (SPECT) und Sonographie [11].

Diagnostisches Vorgehen bei Lebererkrankungen

Das diagnostische Vorgehen bei Leberveränderungen ist in der Abb. 3.24 dargestellt. Die Sonographie sollte bei fokalen Leberveränderungen als Erstuntersuchung angewandt werden. Liegt eine Leberverfettung, eine Zirrhose oder ein normaler Befund vor, sind keine weiteren bildgebenden Diagnostikverfahren erforderlich. Bei einer fokalen Verfettung sollte eine Szintigraphie oder Computertomographie angeschlossen werden. Die verschiedenen Formen der Hepatitis ohne zirrhotischen Umbau sind sonographisch nicht erkennbar. Bei Stauungsleber sind keine weiteren Untersuchungen erforderlich. Besteht jedoch der Verdacht auf eine Pfortaderthombose oder ein Budd-Chiari-Syndrom, sollte eine Computertomographie mit Bolusinjektion (Angio-CT) oder ggf. eine Angiographie angeschlossen werden. Bei Leberzysten sind keine weiteren Untersuchungen mehr erforderlich. Liegt jedoch eine Leberechinokokkose vor, sollte präoperativ eine Computertomographie durchgeführt werden. Bei Nachweis von Lebermetastasen sind keine weiteren Untersuchungen notwendig. Besteht jedoch bei sonographisch normalem Befund der dringende klinische Verdacht auf eine Metastasierung, sollte eine CT mit Kontrastmittel angeschlossen werden.

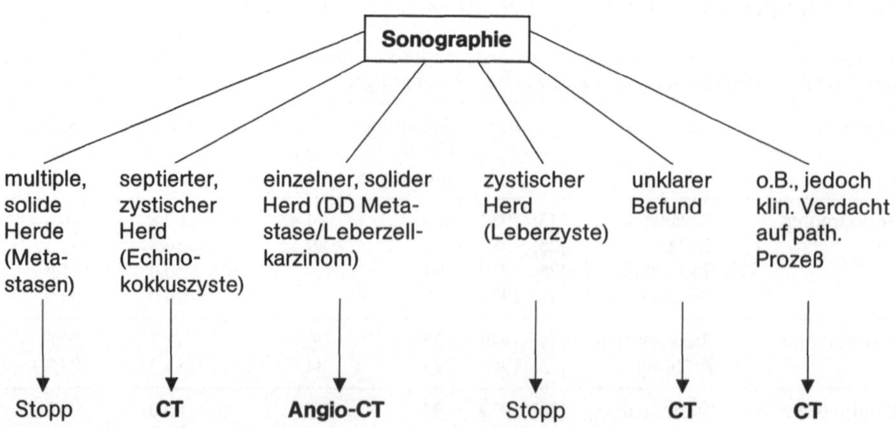

Abb. 3.24. Diagnostisches Vorgehen bei fokalen Lebererkrankungen

Bei Verdacht auf Leberzirrhose ist die Szintigraphie die genaueste Untersuchung. Eine Kombination von Emissionscomputertomographie (SPECT) und Sonographie hat eine Trefferquote von 95% [11]. Diese guten Ergebnisse sind bedingt durch die Kombination zwischen der untersucherunabhängigen Nuklearmedizin (SPECT) und der artdiagnostisch aussagekräftigeren Sonographie. Die Computertomographie mit Kontrastmittelgabe (Angio-CT) hat die höchste Sensitivität bei der Erkennung von herdförmigen Lebererkrankungen.

Literatur

1. Abelev G (1974) α-Foetoprotein as a marker of embryospecific differentiation in normal and tumor tissues. Transplant Rev 20: 3–37
2. Atkinson GO jun, Kodroff M, Sones PJ, Gay BB jun (1980) Focal nodular hyperplasia of the liver in children: A report of three new cases. Radiology 137: 171–174
3. Beyer D, Friedmann G, Mödder U (1982) Leberdiagnostik mit bildgebenden Verfahren. Internist 23: 66–74
4. Biersack HJ, Vogt R, Breuel HP, Monzon O, Helpap B, Winkler C (1979) Scintigraphic detection of liver metastases as established by postmortem studies. Symposium on the diagnosis of liver metastases, Brüssel AJR 133: 971
5. Biersack HJ, Koischwitz D, Lackner K, Reske SN, Knopp SN, Knopp R, Winkler C (1981) Single-Photonen-Emissions-Computertomographie (SPECT) der Leber mit einem rotierenden Gammakamerasystem. Nucl Med 20: 205–213
6. Börner P (1960) Die Einteilung und Benennung der Lebercirrhosen. Virchows Arch [Pathol Anat] 333: 269
7. Bolck F, Machnik G (1978) Leber und Gallenwege. In: Doerr W, Seifert G, Uehlinger E (Hrsg) Spezielle pathologische Anatomie, Bd 10. Springer, Berlin Heidelberg New York, S 1–618
8. Bosnjakovic S, Barth V, Heuck F (1980) Radiologische Befunde bei seltenen Lebertumoren. Radiologe 20: 355–364
9. Bryan PJ, Dinn WM, Grossmann ZD, Wistow BW, Mc Affee JG, Kiefer SA (1977) Correlation of computed tomography, gray-scale ultrasonography and radionuclide imaging of the liver in detecting spaceoccupying processes. Radiology 124: 387–393
10. Bücheler E, Boldt I, Frommhold H (1973) Leistungsfähigkeit und Grenzen der Leberarteriographie. ROEFO 119: 530
11. Büll U, Kirsch CM, Roedler HD (1983) Die Single-Photonen-Emissions-Computertomographie (SPECT). ROEFO 134,4: 391–402
12. Frentzel-Beyme B (1980) Das sonographische Bild von Leberangiomen. Bericht über zwei Fälle. Ultraschall 1: 48–51
13. Frühling J (1980) The role of scintigraphy in the detection of liver metastases in comparison with other techniques. Tumordiagnostik 1: 32
14. Galli G, Maini CL, Salvatori M, Ausili Cefaro G (1982) The diagnostic application of radiocolloid liver scintigraphy in brest carcinoma. Nucl Med 21/4: 140–144
15. Gosink BB, Leymaster CE (1981) Ultrasonic Determination of Hepatomegaly. J Clin Ultrasound 9: 37–41
16. Green B, Bree RL, Goldstein HM, Stanley C (1977) Gray scale ultrasound evalution of hepatic neoplasms: patterns and correlations. Radiology 124: 203–208
17. Kamin PD, Bernardino ME, Green B (1979): Ultrasound manifestations of hepatocellular carcinoma. Radiology 131: 459–461
18. Koischwitz D (1979) Sonographische Lebervolumenbestimmung. Problematik, Methodik und praktische Bedeutung der Quantifizierung des Lebervolumens. ROEFO 133/3: 243–248
19. Koischwitz D (1980) Sonomorphologie primärer und sekundärer Leberneoplasmen. ROEFO 133,4: 372–378

20. Newlin N, Silver TM, Stuck KJ, Sandler MA (1981) Ultrasonic features of pyogenic liver abscesses. Radiology 139: 155–159
21. Rettenmaier G (1977) Lebersonographie – quantitative Auswertung bei diffusen Lebererkrankungen. Thieme, Stuttgart
22. Sandler MA, Petrocelli RD, Marks DS, Lopez R (1980) Ultrasonic features and radionuclide correlation in liver cell adenoma und focal nodular hyperplasia. Radiology 135: 393–397
23. Scherer U (1981) Nonenhanced computed tomography of the liver. In: Contrast Media in Computed Tomography. Felix R, Kazner E, Wegener OH (eds) Excerpta Medica Amsterdam, Oxfort, Princeton
24. Schild H, Thelen M, Paquet KJ, Biersack HJ, Janson R, Bücheler E, Hansen HH, Gröninger J (1980) Fokal-noduläre Hyperplasie. ROEFO 133,4: 355–364
25. Scott WW jun, Sanders RC, Siegelman SS (1980) Irregular fatty infiltration of the liver.: diagnostic dilemmas. AJR 135: 67–71
26. Snow JH jun, Goldstein HM, Wallace C (1979) Comparison of scintigraphy, sonography and computed tomography in the evalution of hepatic neoplasms. AJR 132: 915
27. Spuhler A, Pösl H, Sander R, Götz U (1981) Bedeutung der Sonografie in der Fettleberdiagnostik. Leber Magen Darm 11/1: 15–20
28. Triller J, Fuchs WA (1980) Abdominelle Sonographie. Thieme, Stuttgart New York S 19–39
29. Weill FS (1978) Ultrasonography of digestive diseases. Mosby, St. Louis pp 70–208

4 Gallenblase und Gallenwege

4.1 Indikationen zur Sonographie der Gallenblase

- Unklare Oberbauchbeschwerden
- Verdacht auf Gallensteine
- Kontraindikation bezüglich Röntgenstrahlen (Gravidität, Kinder)
- Akute Cholezystitis
- Akutes Abdomen
- Verdacht auf Tumor
- Negatives Cholezystocholangiogramm
- Ikterus
- Kontrastmittelüberempfindlichkeiten sowie Kontrastmittelkontraindikationen (schwere Nieren- oder Leberaffektion, akute Leberdystrophie)
- Verdacht auf falsch negatives Cholezystogramm bei klinischen Beschwerden

4.2 Anatomie

Auf Längsschnitten ist die Gallenblase als länglicher zystischer Bezirk (Abb. 4.1) am Unterrand des rechten Leberlappens ventral der rechten Niere erkennbar. Beim nüchternen Patienten entspricht ein Längsdurchmesser von 7–10 cm der Norm. Allerdings können bei sehr schlanken Patienten Normal-

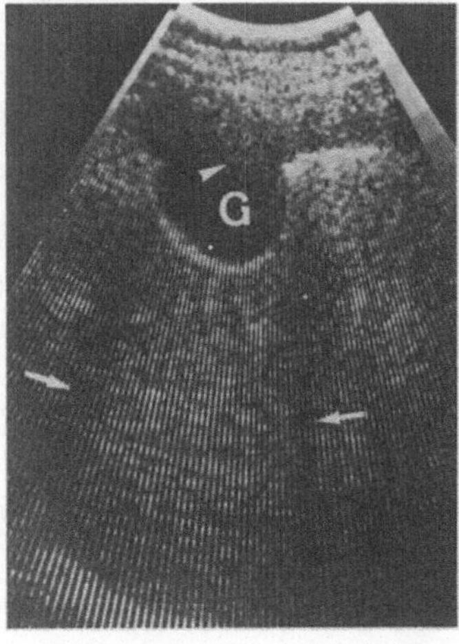

Abb. 4.1. Normale Gallenblase. Schrägschnitt durch die Gallenblasenregion (Real-time-Scanner). Darstellung der Gallenblase *(G)* im Querschnitt. Dorsal der Gallenblase sind laterale Schallschatten (→) zu erkennen (Artefakte). Im oberen Anteil der Gallenblase Nachweis von einzelnen Echos durch Artefakte (▶)

werte bis zu 13 cm beobachtet werden [1, 21]. Der Querdurchmesser beträgt 3–4 cm [1]. Bei einer Vergrößerung des Querdurchmessers ist eine Dilatation der Gallenblase anzunehmen. Durch Gabe einer Reizmahlzeit kann eine große Gallenblase von einem Hydrops durch die Kontraktion nach der Reizmahlzeit unterschieden werden.

Eine Abknickung des Gallenblasenfundus (phrygische Mütze) sowie eine Knickung zwischen Korpus und Infundibulum der Gallenblase (sog. Posthorngallenblase) sind die häufigsten sonographisch nachweisbaren Formanomalien. Außerdem sind Septen der Gallenblase oft erkennbar. Diese Anomalien haben keine klinische Bedeutung, da sie nicht zur Entzündung oder Steinbildung disponieren.

Gallenblasendivertikel oder Doppelbildungen der Gallenblase sind weitere Anomalien.

4.3 **Akute Cholezystitis** (Abb. 4.2)

Bei der akuten Cholezystitis wird sonographisch eine Vergrößerung der druckschmerzhaften Gallenblase und eine diffuse Wandverdickung (> 3,5 mm) durch entzündliches Ödem beschrieben. Bei einer gangränösen Cholezystitis mit pericholezystischem, subhepatitischem Abszeß ist im Sonogramm eine zystische unregelmäßig begrenzte kappenförmige Läsion neben der Gallenblase nachweisbar. Die Gallenblase selbst ist infolge der ausgedehnten entzündlichen Veränderungen häufig nicht mehr abgrenzbar. Der rechte Oberbauch ist stark druckempfindlich.

Sonographische Kriterien der akuten Cholezystitis (Abb. 4.2)

1. Vergrößerung der Gallenblase
2. Diffuse Wandverdickung (> 3,5 mm)

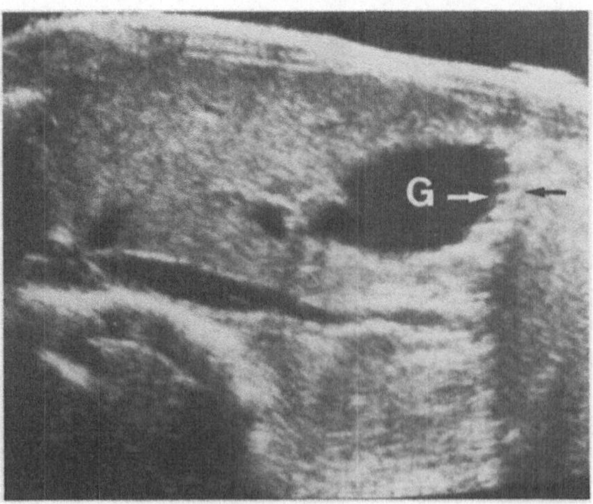

Abb. 4.2. Akute Cholezystitis. Längsschnitt durch den rechten Leberlappen (Octoson). Vergrößerte Gallenblase *(G)* mit leichter Wandverdickung *(Pfeile)*. Kein Nachweis von Konkrementen

4.4 **Chronische Cholezystitis** (Abb. 4.3 und 4.4)

Bei der chronischen Cholezystitis ist sonographisch eine verkleinerte Gallenblase mit verdickter Wand nachweisbar. Häufig ist sie mit einer Cholelithiasis kombiniert. Bei der Porzellangallenblase ist die Gallenblasenwand als starkes Echo mit dorsaler Schallschattenbildung infolge der Verkalkung erkennbar.

Sonographische Kriterien der chronischen Cholezystitis (Abb. 4.3 und 4.4)

1. Verkleinerte Gallenblase
2. Verdickte Gallenblasenwand (> 3,5 mm)
3. Häufig Konkremente

4.3
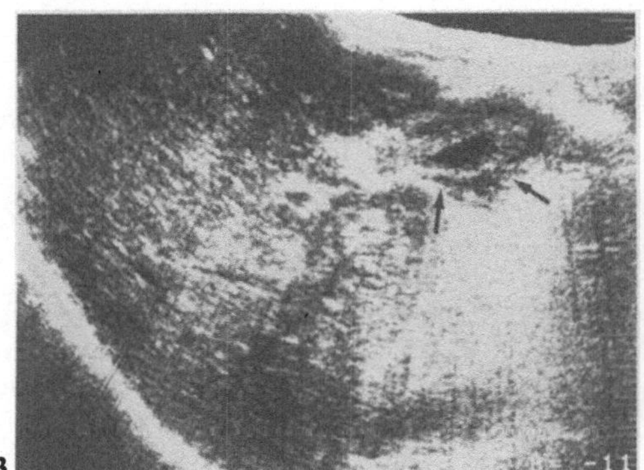

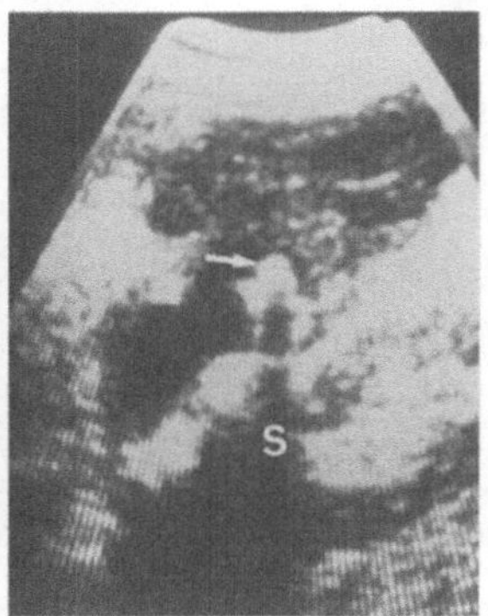

4.4

Abb. 4.3. Chronische Cholezystitis ohne Nachweis von Konkrementen. Längsschnitt durch den rechten Leberlappen (Compoundscanner). Nachweis einer verkleinerten Gallenblase mit verdickter Wand *(Pfeile)*. Kein Nachweis von Konkrementen

Abb. 4.4. Chronische Cholezystitis mit Konkrement. Längsschnitt durch die Gallenblasenregion (Real-time-Scanner). Die Gallenblase ist deutlich verkleinert. Innerhalb der Gallenblase ist ein stärkeres Echo *(Pfeil)* mit dorsalem Schallschatten *(S)* erkennbar (Konkrement)

4.5 Cholezystolithiasis

Gallenblasenkonkremente sind durch folgende sonographische Zeichen charakterisiert (Abb. 4.5) [5, 7, 19]:

Sonographische Kriterien der Cholezystolithiasis (Abb. 4.5)

1. Starkes Echo in der Gallenblase
2. Distale Schattenzone
3. Beweglichkeit der echogebenden Struktur

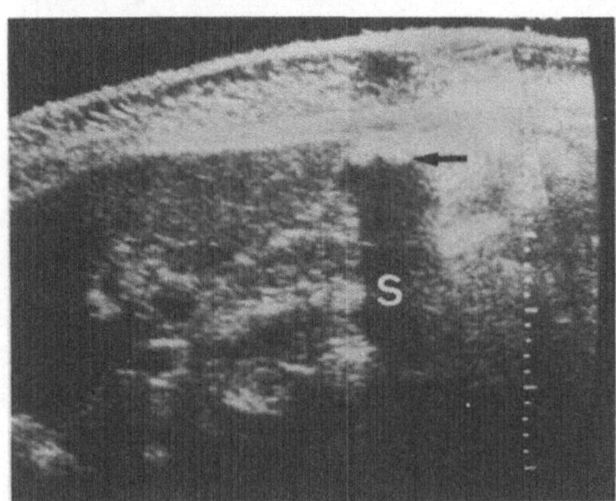

Abb. 4.5. Gallenblasenkonkremente. Längsschnitt durch den rechten Leberlappen und die Gallenblase (Octoson). An der ventralen Wand der Gallenblase sind zwei stärkere Echos *(Pfeil)* mit Schallschatten *(S)* erkennbar. Bei der Untersuchungsposition am Octoson in Bauchlage liegen die Konkremente an der ventralen und nicht an der dorsalen Gallenblasenwand

In der Real-time- oder Compounduntersuchung, bei welcher der Patient auf dem Rücken liegt, liegen die Steine der dorsalen Gallenblasenwand an oder können bei niedrigerem spezifischen Gewicht an der Grenzfläche zweier sich nicht mischender Gallenfraktionen in der Gallenblase schweben. Bei einer mit Konkrementen ausgefüllten Gallenblase ist das flüssigkeitsgefüllte Lumen des Organs nicht mehr erkennbar [12]; durch die multiplen Konkremente entsteht ein starkes, längliches Echo mit Schallschatten [5]. Differentialdiagnostisch ist auch ein Schallschatten hinter Luft zu erwägen. Die Konstanz des sonographischen Befundes bei Positionswechsel des Patienten spricht für Gallensteine [5]. Die Nachweisschwelle von Konkrementen hängt von der Frequenz des Schallkopfs, der Lage des Konkrements zum Fokus des Schallkopfs, der Größe der Konkremente, der Weite des Schallstrahls im Fokus und außerdem von der Kristallstruktur der Konkremente ab und liegt bei 3 mm [15, 20]. Bei einigen Konkrementen ist nur der Steinreflex ohne dorsale Schattenzone erkennbar [21] (wenn das Konkrement nicht voll im Schallstrahl liegt). Hier ist differentialdiagnostisch ein wandständiger Polyp zu erwägen. Die eindeutige Differenzierung gelingt durch die Beweglichkeit des Konkrements. Bei der Real-time-Sonographie ist dies durch die Untersuchung im Stehen möglich.

Schwierigkeiten zeigen sich bei der Untersuchung der Gallenblase bei luftgefüllten Darmschlingen, welche sich der Gallenblase direkt anlagern, sie komprimieren oder einen Schallschatten verursachen. Auch Narben in der Bauchhaut können einen Schallschatten bedingen (durch den hohen Kollagengehalt). Der Schallschatten hinter Luft ist jedoch anders konfiguriert als der hinter Konkrementen; er enthält mehr Wiederholungsechos und ist unschärfer umrandet [19].

4.6 Gallenblasenhydrops

Der Gallenblasenhydrops ist durch einen konkrementbedingten Zystikusverschluß oder eine Obstruktion der extrahepatischen Gallenwege (entzündlicher oder neoplastischer Genese) unterhalb der Einmündung des Ductus choledochus bedingt. Die Größe der Gallenblase zeigt beträchtliche Variationen, deshalb ist die Diagnose allein durch die abnorme Ausdehnung der Gallenblase (Transversaldurchmesser von über 5 cm, Längsdurchmesser von über 13 cm [7, 8]) schwierig zu stellen. Die Diagnose „Gallenblasenhydrops" wird nur gestellt, wenn bei Verschluß des Ductus cysticus das Konkrement erkennbar ist und eine vergrößerte Gallenblase vorliegt oder wenn bei distalem Verschluß ein erweiterter Ductus choledochus erkennbar ist. Beim Gallenblasenempyem zeigt die Gallenflüssigkeit Echos, und ein dorsaler Schallschatten ist nicht nachweisbar. Die Gallenblasenwand ist verdickt [11].

Sonographische Kriterien des Gallenblasenhydrops

1. Vergrößerung der Gallenblase (Transversal > 5 cm, längs > 10–13 cm) mit runder Form
2. Bei Zystikusverschluß: Konkrement im Ductus cysticus
3. Distaler Verschluß: Ductus choledochus erweitert

4.7 Gallenblasentumoren

Bei den Gallenblasentumoren werden benigne und maligne Geschwülste epithelialer und mesenchymaler Herkunft unterschieden. Die papillären Adenome gehören zu den benignen epithelialen Tumoren. Gallenblasenkarzinome sind die häufigsten bösartigen Geschwülste der Gallenblase (die etwa 3% aller Karzinome darstellen). Sie wachsen infiltrativ in die Leber [4]. Die Prognose des Gallenblasenkarzinoms ist durch die späte Diagnosestellung und frühe Metastasierung sehr schlecht.

Sonographische Kriterien der kleinen Gallenblasentumoren (Abb. 4.6)

1. Der Gallenblasenwand aufsitzende solide Struktur
2. Fehlende Beweglichkeit
3. Keine dorsale Schattenzone
4. Verdickte Gallenblasenwand infolge infiltrierenden Karzinoms

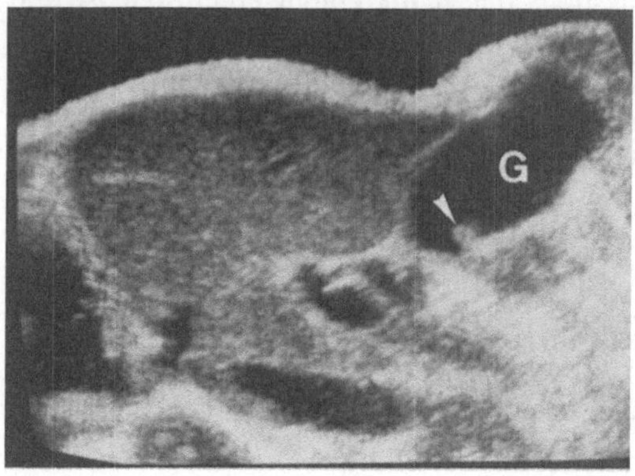

Abb. 4.6. Gallenblasenpolyp. Längsschnitt durch die Leber und die Gallenblase (Octoson). An der dorsalen Wand ist eine polypöse, solide Struktur *(Pfeil)* ohne Schallschatten erkennbar (*G* Gallenblase)

Es ist eine kleine, der Gallenblasenwand aufsitzende solide Struktur nachweisbar (Abb. 4.6). Durch die Untersuchung in Seitenlage wird die Lagekonstanz überprüft.

Benigne Tumoren und Cholesterolpolypen sind sonographisch als kleine, der Gallenblasenwand aufsitzende, solide Strukturen nachweisbar. Im Gegensatz zu Gallensteinen sind die Polypen bei Positionswechsel des Patienten nicht beweglich und zeigen keinen Schallschatten. Durch den großen Impedanzsprung zwischen Flüssigkeit und solidem Polyp sind schon kleine Polypen ab 2–3 mm erkennbar. *Eine sonographische Differenzierung zwischen Adenom, Cholesterolpolyp und kleinem, polypös wachsendem Gallenblasenkarzinom (Abb. 4.7) ist nicht möglich [23].* Im fortgeschrittenen Stadium erkennt man beim Gallenblasenkarzinom subhepatisch im Gallenblasenbett einen soliden Tumor, der in die Umgebung infiltrativ vorwächst; häufig sind zusätzlich Gallensteine erkennbar. Eine sichere Unterscheidung zwischen primärem oder sekundärem Lebertumor und Gallenblasenkarzinom ist sonographisch nicht möglich. Nur die fehlende Darstellbarkeit der Gallenblase leitet zu der Verdachtsdiagnose Gallenblasenkarzinom.

Sonographische Kriterien des fortgeschrittenen Gallenblasenkarzinoms

1. Subhepatisch solider Tumor
2. Infiltration in die Umgebung (Leberpforte)
3. Häufig Steine in der Gallenblase
4. Eventuell fehlende Darstellung der Gallenblase, da die Gallenblase von Tumor ausgefüllt ist
5. Häufig Gallestau

4.8 Gallenwege

Die Untersuchung des Ductus choledochus ist schwierig, da der optimale Winkel zu seiner Darstellung gefunden werden muß.

Sonographische Kriterien der Choledocholithiasis (Abb. 4.8)

1. Erweiterter Ductus choledochus
2. Starkes Echo im Ductus choledochus mit Schallschatten

4.7

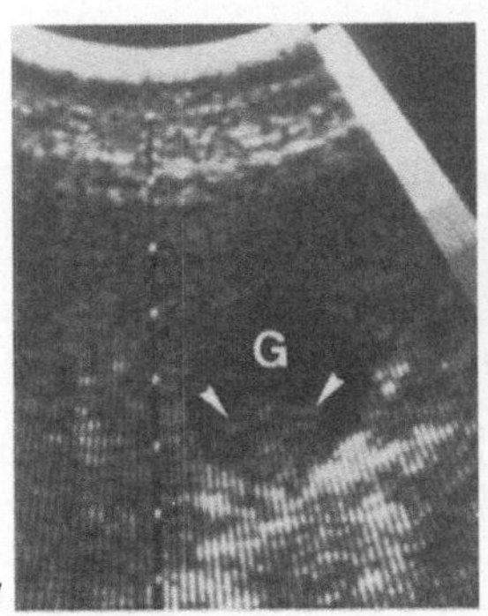

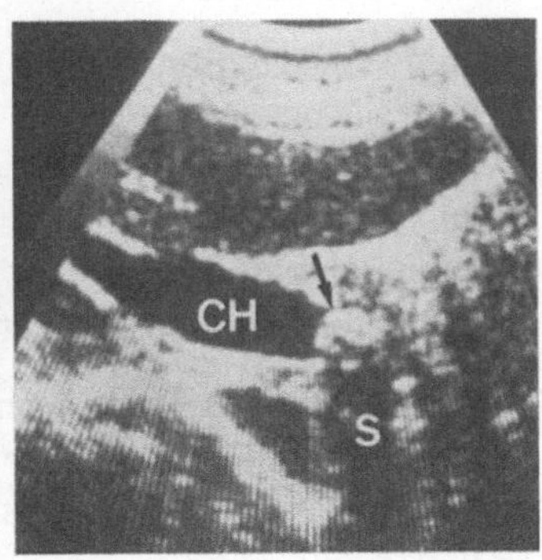

4.8

Abb. 4.7. Gallenblasenkarzinom. Schrägschnitt durch die Gallenblase (Real-time-Gerät). Am Boden der Gallenblase *(G)* ist eine polypöse solide Läsion *(Pfeile)* ohne Schallschattenbildung erkennbar

Abb. 4.8. Choledocholithiasis. Schrägschnitt durch die Leberpforte (Real-time). Erweiterter Ductus choledochus *(CH)* mit solider Struktur *(Pfeil)* innerhalb des Ductus choledochus, die eine Schattenzone *(S)* zeigt und einem Konkrement entspricht

Der Nachweis von Choledochussteinen ist sonographisch zum Teil schwierig. Die Diagnose ist leicht zu stellen, wenn das Konkrement in einem ektatischen Ductus choledochus als echoreiche Struktur mit Schattenzone erkennbar ist (Abb. 4.8). Dagegen ist ein starkes Echo mit Schallschatten ohne direkte anatomische Beziehung zum Ductus choledochus *kein* direkter Beweis für eine Choledocholithiasis. Hier sind Bindegewebeverkalkungen sowie Darmluft differentialdiagnostisch zu erwägen. Auch präpapilläre Steine ohne Erweiterung des Ductus choledochus sind sonographisch nicht von Luft im Duodenum oder Dünndarm oder von Pankreaskopfverkalkungen zu unterscheiden. In diesen Fällen ist eine Cholangiographie oder eine retrograde Cholangiopankreatographie zur weiteren Abklärung erforderlich. Sind intrahepatisch stärkere Reflexe mit Schallschatten erkennbar, so kann es sich um Leberparenchymverkalkungen oder auch um kleine Gangkonkremente handeln. Luft in den Gallenwegen ist sonographisch als länglich geformte Reflexzone mit Schallschattenbildung und Wiederholungsechos nachweisbar.

Obstruktiver Ikterus

Ein obstuktiver Ikterus kann folgende Ursachen haben:
Distale Obstuktion:
- Pankreaskopfzyste
- Pankreaskarzinom
- Sklerosierende Cholangitis
- Choledochusstein
- Choledochuskarzinom, Papillenkarzinom
- Chronische Pankreatitis
- Lymphome im Pankreaskopfbereich
- Postoperative Striktur
- Choledochuszyste

Proximale Obstruktion:
- Leberhilusmetastasen
- Lymphome im Leberhilus
- Stein
- Cholangiokarzinom
- Striktur (postoperativ oder entzündlich)

Distale Obstruktion. Sonographisch sind – je nach Dauer der Obstruktion bei Verschluß der Gallenwege – erweiterte extra- und intrahepatische Gallengänge sowie ein Gallenblasenhydrops erkennbar [7].

Sonographische Kriterien der distalen Obstruktion

1. Erweiterte extrahepatische Gallenwege
2. Erweiterte intrahepatische Gallenwege
3. Gallenblase vergrößert

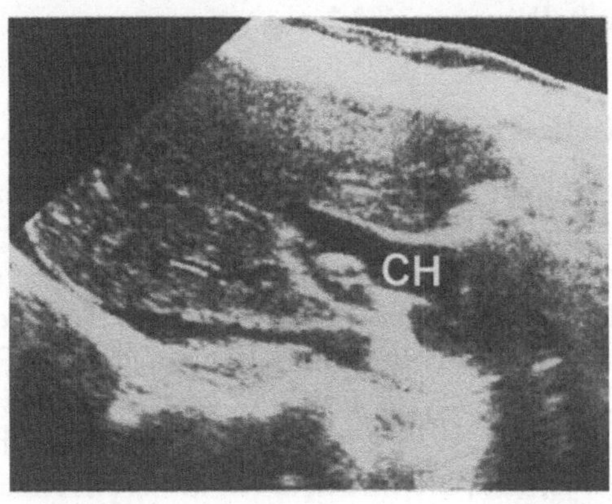

Abb. 4.9. Erweiterte intrahepatische Gallenwege. Längsschnitt durch die Leberpforte (Compoundscanner). Erweiterter Ductus hepaticus *(CH)* und intrahepatische Gallenwege

Die erweiterten intrahepatischen Gallengänge sind als tubuläre Strukturen nachweisbar, die geschlängelt und sternförmig auf den Leberhilus zu verlaufen (Abb. 4.9). Sie zeigen im Gegensatz zu den Ästen der V. portae, mit denen sie zusammen im periportalen Gewebe verlaufen, eine schwach echogebende Wand.

Der erweiterte Ductus choledochus liegt ventral der V. portae [13] und zieht mit der Vene zum Leberhilus. Beide Strukturen liegen ventral der V. cava. Bei distalem Verschluß tritt zunächst eine Erweiterung des Ductus choledochus auf. Wesentlich später ist auch eine Erweiterung der intrahepatischen Gallengänge sowie ein Gallenblasenhydrops erkennbar.

Bei distaler Obstruktion durch Pankreaskopfvergrößerung (Pankreaskopfkarzinom, Zyste, Pankreatitis oder Lymphome) ist sonographisch eine solide, echoarme (Tumor oder Entzündung) oder eine echofreie (Zyste) Läsion im Pankreaskopf erkennbar.

Ein Papillenkarzinom bzw. ein distales Gallengangkarzinom mit distaler Obstruktion ist sonographisch nicht zu diagnostizieren. In diesen Fällen ist die Diagnose einer distalen Obstruktion zu stellen. (Erweiterte intra- und extrahepatische Gallengänge und z. T. eine Vergrößerung des Pankreaskopfs sind erkennbar.) Eine Abgrenzung gegenüber einem Pankreaskopfkarzinom ist nicht möglich [21].

Bei distaler Obstruktion durch Choledocholithiasis sind die oben beschriebenen 3 Kriterien der distalen Obstruktion (erweiterte extra- und intrahepatische Gallenwege und Hydrops der Gallenblase) nachweisbar. Das Konkrement ist häufig nicht erkennbar. Auch eine Papillenstenose oder narbige Choledochusstenose ist sonographisch nicht darstellbar.

Proximale Obstruktion. Sonographisch ist nur die isolierte Erweiterung der intrahepatischen Gallengänge bei normallumigen extrahepatischen Gallenwegen (Ductus choledochus) und eine nicht erweiterte Gallenblase nachweisbar [21].

4.9 Wertung und Integration

Gallenblase

Die Real-time-Sonographie stellt die normale Gallenblase nach zwölfstündiger Nahrungskarenz in 92–98% der Fälle dar [16, 21]. Sie ist einfach und schnell durchzuführen. Es sollte also bei der Frage nach Gallensteinen die Real-time-Untersuchung vorgezogen werden. In einer Vergleichsstudie Real-time-Ultraschall/Compoundultraschall zeigte die Real-time-Sonographie eine höhere Trefferquote [16]. Die Sonographie hat bei der Diagnostik von Konkrementen und anderen pathologischen Gallenblasenbefunden gegenüber der oralen Cholezystographie eine deutlich höhere Treffsicherheit von ca. 90–97% [8, 14]. Darüber hinaus kann die Real-time-Sonographie Anomalien, entzündliche Wandveränderungen, Neoplasien sowie einen Hydrops und das Gallenblasenempyem zeigen.

Die orale Cholezystographie hat eine Treffsicherheit von 85–95% [21]. Bei eingeschränkter Leberfunktion, gestörter Kontrastmittelresorption, Gallenblasenanomalien, akuter und chronischer Entzündung, Zystikusverschluß sowie fehlerhafter Einnahme des Kontrastmittels ist diese Methode jedoch unvollständig [2]. Aufgrund der hohen Treffsicherheit, der geringen Kosten und der Möglichkeit zur zusätzlichen Beurteilung des biliären Systems sollte die Ultraschalluntersuchung vor der Kontrastmitteluntersuchung des biliären Systems durchgeführt werden.

Die Wandverdickung der Gallenblase ist kein sicheres Zeichen für eine chronische Cholezystitis, da auch bei Hypalbuminämien, portaler Hypertension und kontrahierter Gallenblase dieses Symptom erkennbar ist [1, 8]. Bei einer gangränösen Cholezystitis mit pericholezystischem, subhepatischem Abszeß ist im Sonogramm eine zystische, unregelmäßig begrenzte Läsion nachweisbar. Die Gallenblase selbst ist infolge der ausgedehnten entzündlichen Veränderungen häufig nicht mehr abgrenzbar [21].

Die Computertomographie ist bei akuter und chronischer Cholezystitis sowie bei der Suche nach Gallensteinen nicht indiziert, da sie zu kostspielig ist. Dagegen ist bei Verdacht auf Gallenblasenkarzinom, abszedierende Cholezystitis sowie bei unklarem Befund die Computertomographie einzusetzen [21].

Gallenwege

Die Unterscheidung eines obstruktiven von einem parenchymatösen Ikterus ist nicht immer durch klinische und laborchemische Untersuchungsverfahren möglich, aber für das therapeutische Vorgehen entscheidend. Hier bietet die Sonographie wesentliche Informationen zur weiteren Differenzierung. Die Treffsicherheit der Sonographie beim Ikterus ist jedoch vom Ausmaß der Dilatation der intra- und extrahepatischen Gallengänge abhängig: Die Weite der Gallengänge zeigt eine direkte Beziehung zur Dauer der Obstruktion und zur Höhe des Bilirubinspiegels [21]. Eine gering ausgeprägte extrahepatische Obstruktion kann somit sonographisch nicht nachweisbar sein. Der normale innere Durchmesser des Ductus choledochus hat eine Weite bis zu 6–8 mm. Alle Werte über 6 mm müssen als abklärungsbedürftig, über 8 mm als pathologisch angesehen werden. Nur bei Zustand nach Cholezystektomie kann der Ductus choledochus bis zu 8 mm weit sein [9]. Die intrahepatischen Gallengänge sind nicht weiter als die Äste der V. portae (2–3 mm). Die in der radiologischen Literatur angegebenen höheren Werte sind durch den Vergrößerungsfaktor (bei der Tomographie) und den cholegraphischen Effekt der Kontrastmittelinfusion bedingt [18]. Die Treffsicherheit der Sonographie beim Nachweis von dilatierten Gallenwegen wird mit 95% angegeben [21].

Die Sonographie kann sehr häufig zwischen distaler und proximaler Obstruktion unterscheiden [7]. Außerdem kann in 50–68% der Fälle die Genese der Obstruktion bestimmt werden [17]. Die Sonographie kann somit den weiteren Untersuchungsablauf wesentlich verkürzen, indem sie eine primäre Selektion der Fälle vornimmt, die mittels weiterer spezieller Verfahren abgeklärt werden müssen. So ist bei Nachweis einer soliden Raumforderung im Bereich des Pankreaskopfs ein Pankreasneoplasma zu erwägen. Eine Computertomographie und eine ultraschallgezielte Feinnadelbiopsie sind zur weiteren Abklärung erforderlich.

Bei Verdacht auf eine intraduktale Raumforderung (Stein, primäres Gallengangkarzinom) sollte als nächste Untersuchung eine *ERC* durchgeführt werden. Dieses Verfahren bietet außerdem die Möglichkeit der Papillotomie und Steinextraktion. Gelingt die ERC nicht, so kann eine perkutane transhepatische Cholangiographie (*PTC;* Abb. 4.10) angeschlossen werden [6]. Es besteht dann die zusätzliche Möglichkeit einer Gallenwegdrainage zur Verminderung des Operationsrisikos. Außerdem kann bei Inoperabilität eine innere Rekanalisation mittels Katheter durchgeführt werden.

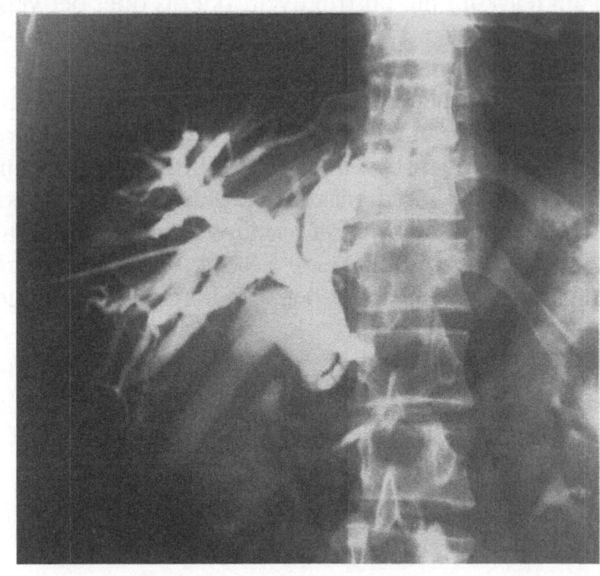

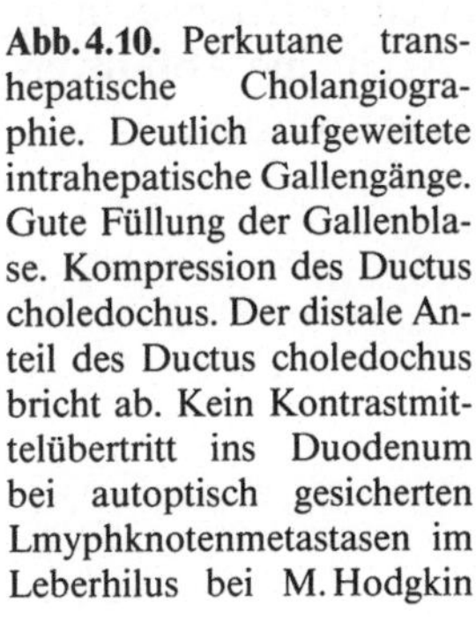

Abb. 4.10. Perkutane transhepatische Cholangiographie. Deutlich aufgeweitete intrahepatische Gallengänge. Gute Füllung der Gallenblase. Kompression des Ductus choledochus. Der distale Anteil des Ductus choledochus bricht ab. Kein Kontrastmittelübertritt ins Duodenum bei autoptisch gesicherten Lmyphknotenmetastasen im Leberhilus bei M. Hodgkin

Wenn die *Sonographie die ätiologische Zuordnung der Obstruktion* nicht erbringt, dann kann eine Computertomographie durchgeführt werden, die mit höherer Treffsicherheit eine Raumforderung im Pankreaskopf oder Leberhilus auffindet.

Die *Angiographie* ist nur noch in einzelnen Fällen zur präoperativen Beurteilung der Tumorvaskularisation und Gefäßversorgung des Operationsgebiets erforderlich.

Für die Diagnose von Gallensteinen ist die *Computertomographie* zu kostspielig. Gallensteine sind bei engem Schichtabstand mit großer Genauigkeit computertomographisch aufzufinden. Bei Verdacht auf Gallenblasenkarzinom, bei akuter Cholezystitis mit Verdacht auf pyogenen Abszeß sowie bei sonographisch unklarem Befund sollte jedoch eine Computertomographie durchgeführt werden.

Diagnostisches Vorgehen bei Gallenblasenerkrankungen (Abb. 4.11)

Bei der Frage nach Gallensteinen sowie bei akuten und chronischen Gallenblasenentzündungen sollte die Sonographie durchgeführt werden. Die Computertomographie ist nur bei Verdacht auf Gallenblasenkarzinom sowie bei abszedierender Cholezystitis und unklarem Befund indiziert.

Diagnostisches Vorgehen bei Gallenwegserkrankungen (Abb. 4.12)

Beim Ikterus kann die Sonographie differenzieren zwischen obstruktivem und parenchymatösem Ikterus. Besteht bei obstruktivem Ikterus der Verdacht auf eine intraduktale Raumforderung (Tumor, Stein), muß als nächste Untersuchung eine ERC angeschlossen werden. Bei Verdacht auf Raumforderung im Pankreaskopf mit obstruktivem Ikterus oder bei Verdacht auf Raumforderung im Leberhilus muß eine Computertomographie zur weiteren Abklärung durchgeführt werden.

Auch die hepatobiliäre Funktionsszintigraphie mit Tc-IDA-Derivaten kann zwischen obstruktivem und parenchymatösem Ikterus differenzieren. Bei Verschlußikterus, insbesondere bei Bilirubinwerten von über 85 µmol/l kann die hepatobiliäre Funktionsszintigraphie zwischen proximalem und distalem Verschluß unterscheiden. Bei proximalem Aufstau kann als weitere Untersuchung eine PTC, bei distalem eine ERC durchgeführt werden. Auch eine Abflußverzögerung kann mit einer hepatobiliären Szintigraphie erkannt werden.

Sonographie
Verdacht auf Gallenblasenkarzinom
Verdacht auf abszedierende
Cholezystitis
normal
Cholezystolithiasis
CT
Stopp
Stopp

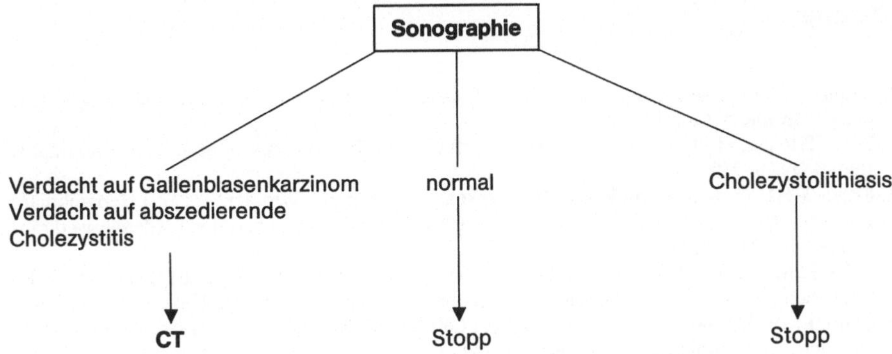

Abb. 4.11. Diagnostisches Vorgehen bei Gallenblasenerkrankungen

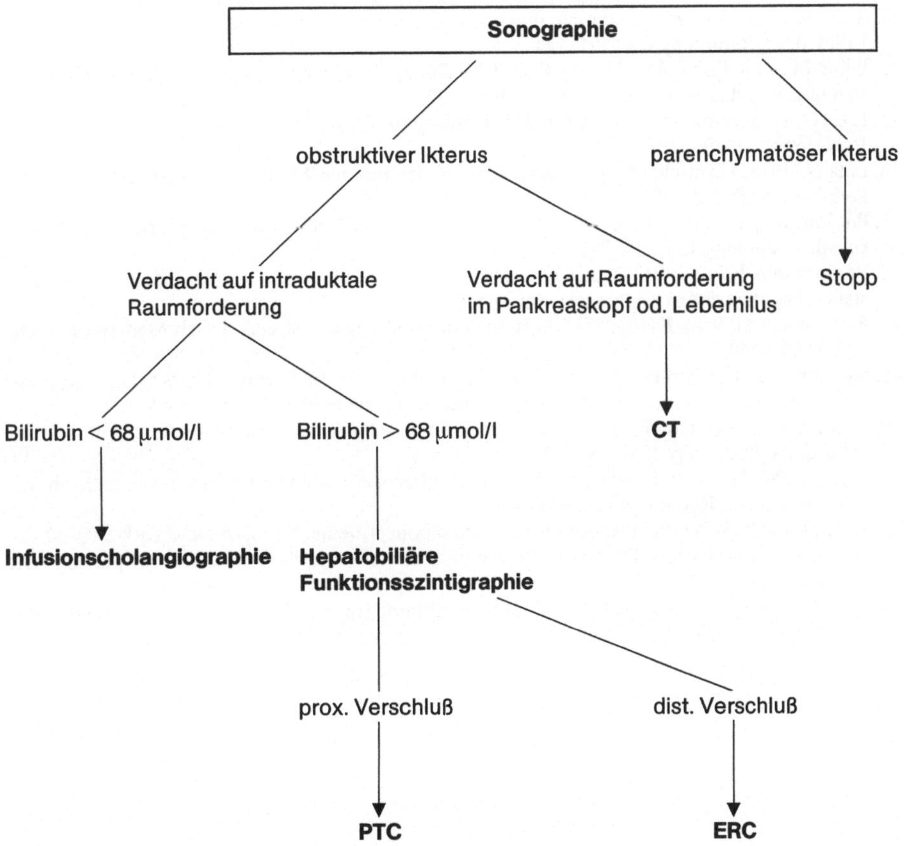

Sonographie
obstruktiver Ikterus
parenchymatöser Ikterus
Verdacht auf intraduktale
Raumforderung
Verdacht auf Raumforderung
im Pankreaskopf od. Leberhilus
Stopp
Bilirubin < 68 μmol/l
Bilirubin > 68 μmol/l
CT
Infusionscholangiographie
Hepatobiliäre
Funktionsszintigraphie
prox. Verschluß
dist. Verschluß
PTC
ERC

Abb. 4.12. Diagnostisches Vorgehen bei Gallenwegserkrankungen

Literatur

1. Azimi F, Marangola JP, Bryan PJ (1977) Ultrasound evaluation of the nonvisualized gallbladder. Gastrointest Radiol 1: 293
2. Baker HR jun, Hodgson JR (1960) Further studies on the accuracy of oral cholecystography. Radiology 74: 239
3. Biersack HJ, Thelen M, Lindstaedt H, Franken T, Mieder SE, Winkler C (1979) Hepatobiliäre Funktionsszintigraphie mit ^{99m}Tc-markierten IDA-Derivaten bei Leber- und Gallenwegserkrankungen. Inn Med 6: 56–62
4. Bolck F, Machnik (1978) Leber und Gallenblase. In: Doerr W, Seifert G (Hrsg) Handbuch der Speziellen pathologischen Anatomie, Bd 10. Springer, Berlin Heidelberg New York, S 721–973
5. Conrad MR, Leonard J, Landay MH (1980) Left lateral decubitus sonography of gallstones in the contracted gallbladder. AJR 134: 141–144
6. Ferrucci JT, Wittenberg J, Sarno RA, Dreyfuss JR (1976) Fine needle transhepatic cholangiography: a new approach to obstructive jaundice. AJR 127: 403–407
7. Frommhold H, Koischwitz D (1976) Ultraschalluntersuchung bei obstruktiven biliären Erkrankungen. ROEFO 125: 26–30
8. Goldberg BB (1977) Gallbladder and bile ducts. In: Adominal gray-scale ultrasonography. Goldberg BB (ed) Wiley, New York, pp 137–165
9. Graham MF, Cooperberg PL, Cohen MM, Burhenne HJ (1980) The size of the normal common hepatic duct following cholecystectomy: An Ultrasonographic study. Radiology 135: 137–139
10. Hodgson JR (1970) The technical aspects of cholecystography. Radiol Clin North Am 8: 85
11. Kane RA (1980) Ultrasonographic diagnosis of gangrenous cholecystitis and empyema of the gallbladder. Radiology 134: 191–194
12. Laing FC, Gooding GAW, Herzog KA (1977) Gallstones preventing ultrasonographic visualization of the gallbladder. Gastrointest Radiol 1: 301–303
13. Lee TG, Henderson SC, Ehrlich R (1977) Ultrasound diagnosis of common bile duct dilatation. Radiology 124: 793–797
14. Lutz H (1978) Ultraschalldiagnostik (B-scan) in der Inneren Medizin. Springer, Berlin Heidelberg New York S 59–71
15. Purdom RC, Thomas SR, Kereiokes JG, Spitz HB et al. (1980) Ultrasonic properties of biliary calculi. Radiology 136: 729–732
16. Raptopoulus V, Moss VL, Reuter K, Leinman P (1981) Comparison of real-time and gray-scale static ultrasonic cholecystography. Radiology 140: 153–154
17. Rettenmaier G, Seitz KH (1977) Ultraschalluntersuchung bei Ikterus. Dtsch Med Wochenschr 102: 1559–1560
18. Sauerbrei EE, Cooperberg PL, Gordin P, Li D, Cohen MM, Burhenne HJ (1980) The discrepancy between radiographic and sonographic bileduct measurements. Radiology 137: 751–755
19. Sommer FG, Taylor KJW (1980) Differentiation of acoustic shadowing due to calculi and gas collections. Radiology 135: 399–403
20. Taylor KJW, Jacobson P, Jaffe CL (1979) Lack of acoustic shadowing on scans of gallstones: a possible artifact. Radiology 131: 463–464
21. Triller J, Fuchs WA (1980) Abdominale Sonographie. Thieme, Stuttgart New York S 40–60
22. Weinstein BJ, Weinstein DP (1980) Biliary tract dilatation in the non-jaundiced patient. AJR 134: 899–906
23. Yeh HC (1979) Ultrasonography and computed tomography of carcinoma of the gallbladder. Radiology 133: 167–183

5. Pankreas

5.1 Indikation zur Ultraschalluntersuchung

- Akute und chronische Pankreatitis
- Verlaufskontrolle bei akuter Pankreatitis
- Verdacht auf Pankreastumor oder Zyste
- Verlaufskontrolle bei Pankreaszyste

5.2 Anatomie

Das Pankreas wird anatomisch in Caput, Korpus und Cauda unterteilt. Das Caput schmiegt sich in die Duodenalschleife und liegt ventral der V. cava inferior. Der Processus uncinatus ist der am weitesten kaudal gelegene Anteil der Drüse und liegt ventral der V. cava inferior. Das Caput pancreatis wird ventral teilweise von colon transversum und Dünndarm überlagert. Das corpus pancreatis liegt ventral von Aorta, V. cava, V. und A. mesenterica superior und V. lienalis. Die ventrale Fläche des Pankreas grenzt an das Colon transversum, die kraniale an den Magen. Der Pankreasschwanz zieht anterior der Pars intermedia der linken Niere zum Milzhilus. Bei Längsschnitten über der V. cava inferior ist der Pankreaskopf nach kranial durch die V. portae, nach dorsal durch die V. cava inferior sowie ventral durch die Leber begrenzt. Der Ductus choledochus stellt sich ventral der V. portae dar, zieht nach posterior zum Pankreaskopf und verläuft ein kleines Stück im Bereich des Pankreaskopfes.

Die Größenangaben [13, 22] zeigt Tabelle 5.1.

Tabelle 5.1. Pankreasdurchmesser (in cm)

	Pankreaskopf	Pankreaskorpus	Pankreasschwanz
Sagittaldurchmesser	$3{,}6 \pm 1{,}2$	$3{,}0 \pm 0{,}6$	$2{,}9 \pm 0{,}4$
Transversaldurchmesser	$2{,}3 \pm 0{,}3$	$2{,}0 \pm 0{,}25$	$1{,}5 \pm 0{,}5$

Die V. lienalis verläuft im Korpus-Schwanz-Bereich posterior des Pankreas. Die A. mesenterica superior liegt anterior der Aorta abdominalis und posterior des Pankreaskorpus als rundliche zystische Struktur. Das Caput der Bauchspeicheldrüse stellt sich rechts lateral der A. mesenterica superior, ventral der V. cava sowie medial der Gallenblase dar. Der Processus uncinatus liegt ventral der V. cava. Auf Schrägschnitten stellt sich das Pankreas am besten dar. Folgende große Gefäße verlaufen in der Umgebung des Pankreas und stellen in der Ultraschalldiagnostik des Oberbauchs *Leitschienen der Orientierung* dar:

a) Die Aorta liegt links prävertebral und dorsal des Pankreaskorpus.
b) Die V. cava inferior liegt rechts prävertebral und dorsal des Pankreaskopfs.
c) Die A. mesenterica superior liegt dorsal des Pankreaskorpus.
d) Die V. lienalis läuft dorsal von Pankreaskorpus -schwanz.

Das normale Pankreas hat eine Echodichte, die stärker oder gleich der Echodichte der Leber ist, jedoch nicht schwächer [8] (Abb. 5.1 und 5.2).

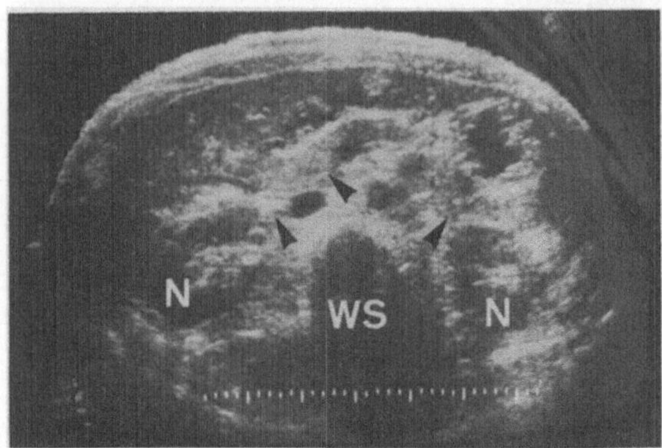

Abb. 5.1. Normales Pankreas. Transversalschnitt durch die Pankreasregion (Octoson). Darstellung des Pankreas *(Pfeile)* ventral der Aorta und der V. cava. Der Pankreasschwanz liegt ventral der linken Niere *(N)*. (*WS* Wirbelsäule)

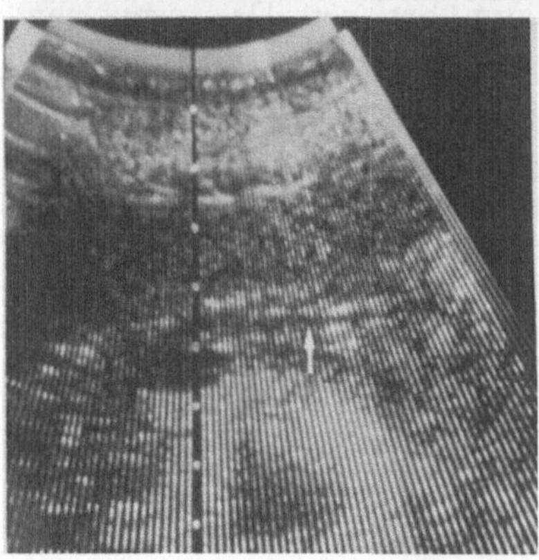

Abb. 5.2. Normales Pankreas mit partieller Darstellung der Magenwand. Transversalschnitt durch die Pankreasregion (Real-time-Scanner). Ventral der V. lienalis ist das Pankreas erkennbar. Darüber ist eine längliche Aufhellung *(Pfeil)* zu sehen, die der Magenwand und nicht dem Pankreasgang entspricht

5.3 Darstellbarkeit des Pankreas

Mit Real-time- und Compoundgeräten gelingt eine vollständige Darstellung des Pankreas in Rückenlage in 60–90% der Fälle [1, 30, 32, 33]. Die Aussagen über die Darstellbarkeit des Pankreas sind nur dann verwertbar und vergleichbar, wenn die variablen, individuellen und konstitutionellen Faktoren des Patientengutes, die nicht standardisierbar sind, definiert werden.

Folgende Faktoren erschweren die Darstellbarkeit des Pankreas:

1. Bei Überlagerung des Pankreas durch Luft im Magen und Colon transversum kommt es zu einer Reflexion der Schallwellen an der Luft (s. Kap. 1.2). Das hinter der Luft gelegene Pankreas kann nicht dargestellt werden.
   Durch die Untersuchungsposition in Bauchlage sowie die Füllung des Magens mit Methylzellulose ist die Luftüberlagerung des Pankreas bei der Untersuchung geringer.
2. Die Überlagerung der Pankreas durch omentales Fett führt zu einer Defokussierung und Absorption des Schallstrahls mit schlechterem Auflösungsvermögen [4].
3. Die Fettinfiltration des Pankreas (Lipomatose des Pankreas) ist Teilerscheinung einer allgemeinen Adipositas oder entsteht nach Atrophie von Parenchymanteilen, die durch Fett ersetzt werden. Auch bei der chronischen Pankreatitis kommt es zu einer Lipomatose des Organs. Bei Patienten mit starker Lipomatose des Pankreas ist das Pankreas sonographisch nicht mehr von dem umgebenden retroperitonealen Fettgewebe abgrenzbar und somit nicht eindeutig zu identifizieren, da ein akustischer Impedanzsprung Pankreas/ retroperitoneales Fett nicht mehr vorhanden ist.
4. Narben und starke Behaarung führen zu einer erschwerten Schallankoppelung an die Haut.

5.4 Akute Pankreatitis

Pathologie und Ätiologie. Auf dem Symposium von Marseille 1963 wurde die heute gültige Einteilung der entzündlichen Pankreaserkrankungen nach klinischen Gesichtspunkten definiert [28]:

a) Akute Pankreatitis
b) Akut-rezidivierende Pankreatitis
c) Chronische Pankreatitis
d) Chronisch-rezidivierende Pankreatitis

Die akute Pankreatitis hat eine Vielzahl von Ursachen, z. B. Alkoholismus, Gallensteine. Die akute und akut-rezidivierende Pankreatitis kann ohne organische Veränderungen ausheilen. Der Übergang in eine chronische Pankreatitis liegt vor, wenn Komplikationen (z. B. Pseudozysten oder Ventilstenosen des Ductus pancreaticus) irreversible Folgen nach sich gezogen haben und funktionelle Ausfälle vorliegen.

Die akute Pankreatitis wird eingeteilt in:

a) Akute ödematöse Pankreatitis (häufigste Form)
b) Akute hämorrhagische Pankreatitis

c) Akute gangränöse Pankreatitis
d) Akute suppurative (abszedierende) Pankreatitis

Sonographische Zeichen. Die akute Pankreatitis kann zu einer globalen (Abb. 5.3) oder zu einer umschriebenen Vergrößerung (Abb. 5.4) des Organs führen [32]. Diese umschriebene Vergrößerung des Pankreas entsteht durch unterschiedliche entzündliche Infiltrate einzelner Regionen des Pankreas. Es resultiert eine lokale Vergrößerung, die unspezifisch ist und sonographisch von einem Karzinom nicht unterschieden werden kann.

Bei der akuten hämorrhagischen Pankreatitis können auch in der Pankreasloge entzündliche Infiltrate nachweisbar sein. Dann sind die Gefäßstrukturen, die Leitschienen der topographischen Zuordnung im Oberbauch sind, infolge des Ödems nicht mehr sicher erkennbar. Die genaue Abgrenzung des Organs ist in diesen Fällen nicht sicher möglich. Die Echostruktur der Bauchspeicheldrüse ist deutlich vermindert, wobei insbesondere im Vergleich mit der Leber die deutlich verminderte reflexogene Struktur auffällt. Die Darstellung eines nicht vergrößerten Pankreas schließt jedoch eine akute Entzündung der Bauchspeicheldrüse nicht aus [32]. Außerdem werden auch Fälle von pseudozystischer Echostruktur bei starkem entzündlichem Geschehen beschrieben [32]. In diesen Fällen kann eine beginnende Pseudozystenbildung vorgetäuscht werden.

Sonographische Kriterien der akuten Pankreatitis (Abb. 5.3 und 5.4)

1. Größe: Globale oder lokale Vergrößerung des Organs
2. Kontur: Glatte Kontur ohne Pseudopodien oder Ausläufer
3. Echostruktur: Verminderte bis pseudozystische oder heterogene Echotextur
4. V. lienalis und V. mesenterica sup. nicht abgrenzbar

Weitere indirekte Zeichen

1. Venenkompression
2. Pleuraerguß
3. Aszites

Durch den gleichzeitig bei der akuten Pankreatitis bestehenden Meteorismus (paralytischer Ileus) ist jedoch die Darstellung des Pankreas erschwert. In diesen Fällen muß eine Computertomographie zur Abklärung durchgeführt werden.

Bei einem akuten Schub einer chronischen Pankreatitis kann das Pankreas ödematös sein, bei einem subakuten Schub dominieren jedoch die Zeichen einer chronischen Pankreatitis (s. 5.5) ohne Ödem.

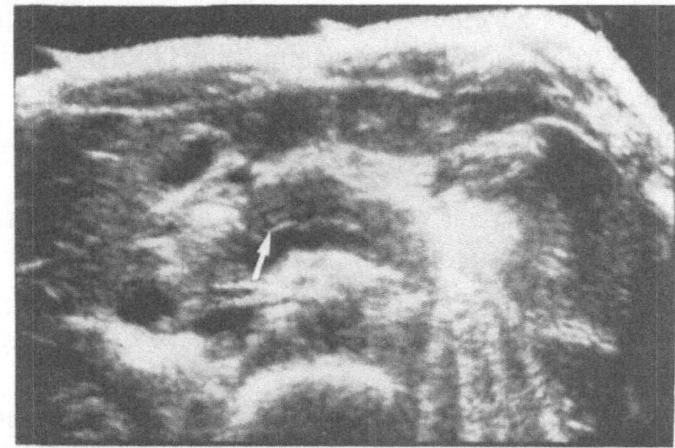

Abb. 5.3. Akute Pankreatitis. Transversalschnitt durch das Pankreaskorpus (Octoson). Ventral der Aorta ist das leicht vergrößerte Pankreaskorpus *(Pfeil)* mit verminderter Echostruktur zu erkennen. Der Pankreasschwanz ist nicht dargestellt

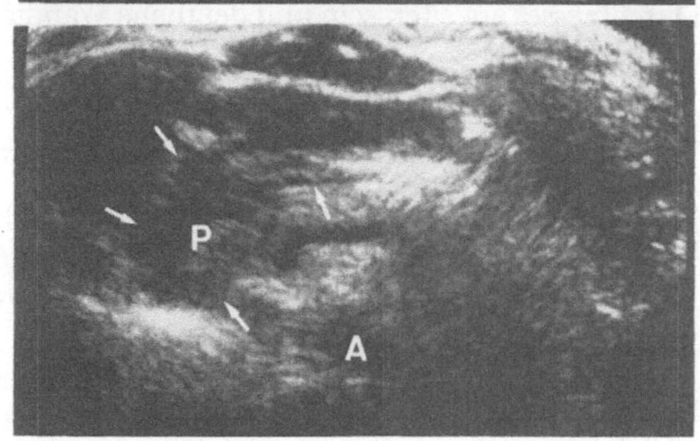

Abb. 5.4. Vergrößerung des Pankreaskopfs bei Pankreatitis. Transversalschnitt durch den Pankreaskopf (Octoson). Ventral der V. cava ist der vergrößerte echoarme Pankreaskopf *(P, Pfeile)* erkennbar. Darstellung des Ductus pancreaticus *(Pfeil)* ventral der Aorta *(A)*

5.5 Chronische Pankreatitis

Die Altersverteilung der chronischen Pankreatitis zeigt einen Gipfel zwischen dem 30. und 50. Lebensjahr.

Bei Sonderformen der chronischen Pankreatitis kommt es zu einer Einengung des Gangsystems [3] durch:

a) Zysten in der Duodenalwand
b) Perivaterianische Divertikel
c) Rinnenpankreatitis (Narbenschicht in der „Rinne" zwischen Duodenum und Pankreaskopf).

Makroskopisch ist das Pankreas derb (und in einigen Fällen vergrößert) [26]. Diese Verhärtung ist durch Narbenzüge bedingt, die das Organ durchziehen. Die Gänge sind durch Stenosen und resultierende Abflußbehinderungen erweitert. Dies erklärt auch die Entstehung von Pseudozysten bei der chronischen Pankreatitis, die in 16–50% der Fälle auftreten können [28]. Das Endstadium ist die Atrophie der Zellen.

Sonographische Zeichen. Die chronische Pankreatitis ohne Pseudozyste führt zu Veränderungen der Echostruktur, der Kontur und in geringem Maße auch der Größe der Bauchspeicheldrüse [31, 32]. Durch Verkalkungen und Fibrose kommt es zu einer Verstärkung und Vergröberung der Echotextur (Abb. 5.5). Das Organ zeigt eine unregelmäßige Oberfläche und ist z. T. schwer abgrenzbar. Bei chronisch-rezidivierender Pankreatitis ist eine Vergrößerung des Organs mit veränderter Echostruktur erkennbar, die durch eine entzündliche ödematöse Infiltration bedingt ist [32]. Die Echotextur der chronischen Pankreatitis kann sehr schwer von der eines Karzinoms unterschieden werden. Starke Pankreasverkalkungen führen zu starken Echos mit Schallschatten, das Pankreas ist dann nicht sicher lokalisierbar, da durch den Schallschatten die Orientierungs- und Leitschienen Aorta, V. cava und A. mesenterica superior nicht mehr abgrenzbar sind.

Bei chronischer Pankreatitis kann der Ductus pancreaticus auf über 3 mm Durchmesser erweitert sein und deutliche Wandunregelmäßigkeiten aufweisen.

Sonographische Kriterien der chronischen Pankreatitis

1. Echostruktur: Verstärkt, vergröbert (Abb. 5.5)
2. Organgröße: Lokale und globale Vergrößerung, auch Atrophie
3. Oberfläche: Unregelmäßig und schlecht abgrenzbar
4. Eventuell erweiterter Ductus pancreaticus
5. Verkalkungen/Narben (Sonographisch nicht zu differenzieren)

Komplikationen der chronischen Pankreatitis [26]

1. Pseudozystenbildung
2. Milzvenenthrombose
3. Intrapankreatische Stenose des Ductus choledochus
4. Pleuraerguß
5. Aszites

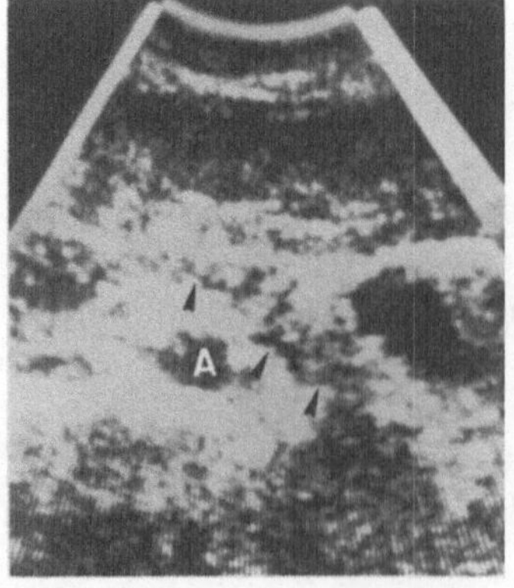

Abb. 5.5. Chronische Pankreatitis. Transversalschnitt durch den Pankreaskorpus (Real-time). Die Echostruktur des nicht vergrößerten Pankreaskorpus *(Pfeil)* ist vergröbert. (*A* Aorta)

5.6 Pankreaszysten und -pseudozysten

Pankreaspseudozysten können als Komplikation einer akuten oder chronischen Pankreatitis entstehen (Abb. 5.6 und 5.7).

> **Sonographische Kriterien der Pankreaszyste** (Abb. 5.6)
>
> 1. Echofreie Läsion (evtl. in der Zyste Echos durch Detritus oder Blut)
> 2. Distale Schallverstärkung mit lateraler Schallschattenbildung

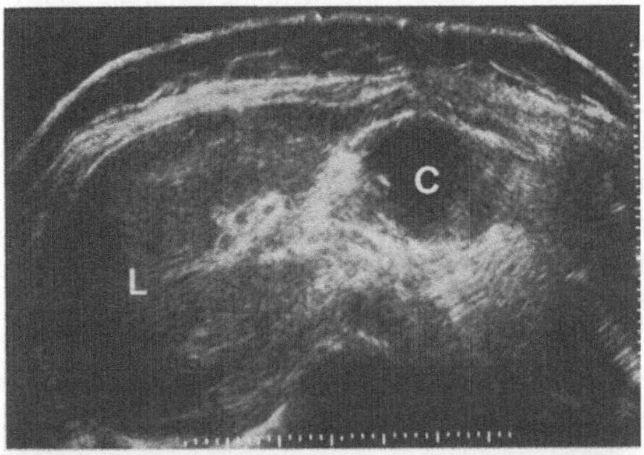

Abb. 5.6. Pankreaskorpuspseudozyste. Transversalschnitt durch das Pankreaskorpus (Octoson). Echofreie Läsion *(C)* im Pankreaskorpus mit dorsaler Schallverstärkung. (*L* Leber)

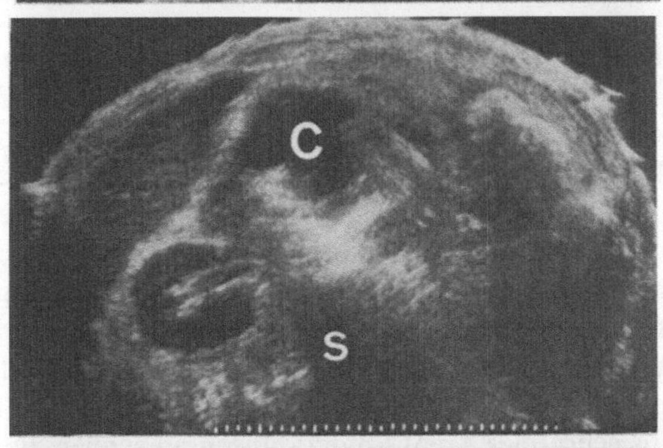

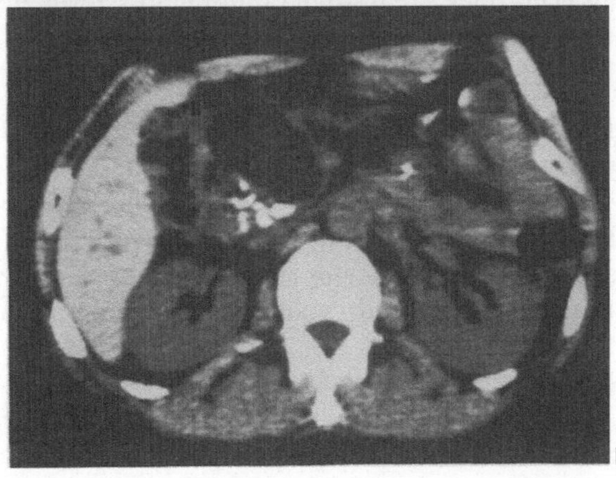

Abb. 5.7. a, b. Pankreaskopfpseudozyste mit Verkalkungen im Pankreaskopf. **a** Transversalschnitt durch den Pankreaskopf (Octoson). Im Pankreaskopf ist eine 3·4 cm große echofreie Läsion *(C)* erkennbar, dorsal hiervon stärkere Echos mit Schallschatten *(S)*. **b** Computertomographie. Identische Information: Pankreaszyste mit Verkalkungen im Pankreaskopf

Häufig ist die Begrenzung der Pseudozyste unregelmäßig durch das Fehlen einer Zystenwand. Auch eine Verdickung der Wand kann nachgewiesen werden. Die Organzugehörigkeit wird durch die Entstehung innerhalb der Bauchspeicheldrüse oder durch den Zusammenhang der Zyste mit dem Pankreas deutlich. Blutkoagula und nekrotischer Zelldetritus können Echos in den dorsalen Anteilen der Zyste erzeugen.

Viele Patienten zeigen eine spontane Drainage der Pseudozyste. Die in den letzten Jahren durchgeführten kurzfristigen Ultraschallkontrollen bei akuter Pankreatitis haben die schnelle zeitliche Entwicklung von Pseudozysten bei akuter Pankreatitis gezeigt.

Angeborene Pankreaszysten [32] können bis zu 5 cm groß werden. Sie sind von flachen, kuboiden Epithelzellen ausgekleidet und werden bei polyzystischer Erkrankung der Leber, der Niere und des Ovars gefunden. Wenn die Ultraschalluntersuchung Zysten in Leber oder Nieren zeigt, muß das Pankreas genau untersucht werden, um Pankreaszysten auszuschließen. Retentionszysten des Pankreas sind kleiner als die angeborenen Zysten und überschreiten selten mehrere Zentimeter.

5.7 Pankreasabszeß

Pankreasabszesse entstehen als Komplikation einer akuten suppurativen Pankreatitis, die bei einer Infektion der Nachbarschaft entsteht. Durch das Lymphsystem kann die Entzündung von Organen der Nachbarschaft (z. B. perforiertes Ulkus, akute Appendizitis, akute Cholezystitis) das Pankreas erreichen.

Die nachweisbaren sonographischen Kriterien des Abszesses hängen von der Menge des Zelldetritus im Abszeß und von der Anwesenheit sowie der Größe der Luftblasen im Abszeß ab. Zelldetritus zeigt sich als echogene Substanz meist am Boden des Abszesses. Luftblasen sind als stärkere Echos erkennbar und zeigen (abhängig von der Größe) einen Schallschatten. Das Pankreas zeigt ein starkes Ödem mit echoarmer Struktur. Eine beginnende Abszedierung ist als echofreies Areal sonographisch oft schwer zu erfassen [31].

Ausbreitungswege

Das bei einer Pankreatitis auftretende Exsudat folgt in der Regel anatomisch präformierten Ausbreitungswegen, d. h. entlang dem Mesocolon transversum, dem Mesenterium, dem Ligamentum phrenicocolicum oder Ligamentum lienorenale. Die faszialen Grenzen des Retroperitonealraums werden meist respektiert, die pankreatogenen Exsudate sind meist nur linksseitig vorhanden. Eine Andauung und Penetration der anatomisch vorgegebenen Wege und der faszialen Grenzen erfolgt vorwiegend bei der hämorrhagischen-nekrotisierenden Pankreatitis [14].

Die Exsudatausbreitung entlang dem Mesocolon transversum kann zu entzündlichen Veränderungen am gesamten Colon transversum führen, wobei jedoch die Flexura lienalis am stärksten beteiligt ist. Die Ausbreitung in das Ligamentum phrenicocolicum führt zu einem ausgedehnten Spasmus oder zu einer inkompletten Obstruktion im Bereich der Flexura lienalis. Die Enzymausbreitung entlang dem Mesenterium führt zu einer lokalisierten, paralytischen Reaktion von Duodenum, Jejunum oder Ileum. Im Bereich von Zökum und terminalem Ileum kann sich im Mesenterium ein exsudativer Abszeß entwickeln [24].

Die Exsudatausbreitung respektiert in der Regel die verschiedenen retroperitonealen Kompartimente. Das Exsudat befindet sich zuerst im vorderen pararenalen Raum, in der Bursa omentalis sowie in der linken parakolischen Rinne. Bei massiver Exsudatbildung folgt diese dem vorderen pararenalen Raum nach kaudal unter Umgehung des perirenalen Raums und kann sich im hinteren pararenalen Raum wieder nach kranial ausbreiten. Dabei kann die den hinteren pararenalen Raum abgrenzende Faszia transversalis penetriert werden und eine Infiltration der entsprechenden Lumbalregion auftreten. Die Exsudatausbreitung entlang dem vorderen und hinteren pararenalen Raum kann zu einer entzündlichen Verdickung der Fascia renalis führen [14, 24].

Ausdehnung der Zysten

Vom Korpus und Caput des Pankreas ausgehende Zysten dehnen sich nach anterior oder medial aus, jedoch können sie auch unter die Leberkapsel penetrieren [32]. Eine Ausdehnung kann auch subhepatisch und nach posterior erfolgen. Es sind auch einige das Lebergewebe penetrierende Zysten beschrieben worden. Durch die Ausbreitung entlang dem Mesocolon transversum oder dem Mesenterium kommt es zur extrapankreatischen Lokalisation von Pseudozysten, die auch ins kleine Becken reichen können.

Pseudozysten können sich auch in der Bursa omentalis, intramural im Kolon, intramural im Magen und intramural im Duodenum, intrasplenisch oder im Milzhilus entwickeln. Wenn die Organzugehörigkeit zum Pankreas nicht wahrscheinlich ist, müssen Leber-, Milz-, Nieren-, Ductus choledochus-, Ovarial- und Mesenterialzysten diskutiert werden.

Die Mehrzahl der Pankreaszysten liegt jedoch in der Nähe der Bauchspeicheldrüse in der Umgebung von Magen, Duodenum, Leber, Milz und Niere. Bei Nachweis einer flüssigkeitsgefüllten Struktur muß eine Dünndarmschlinge oder der gefüllte Magen ausgeschlossen werden. Diese können durch die Untersuchung in geänderter Untersuchungsposition (im Stehen, in Seitenlage) oder durch eine Kontrolle nach 6–24 h unter Nahrungskarenz ausgeschlossen werden.

5.8 Pankreastumoren

Zystadenome des Pankreas

Diese Tumoren des Pankreas sind selten [34]. Sonographisch ist eine solitäre oder multiple zystische Läsionen, die häufig septiert sind, nachweisbar. Die

Differentialdiagnose zur Pankreaspseudozyste ist durch die Anamnese (Pankreatitis) und durch die Septierung gegeben, die entzündliche Pseudozysten nicht zeigen [31].

Pankreaskarzinom

Pathologie. Das Pankreaskarzinom steht bei den Männern in den USA an 4. Stelle der Häufigkeitsskala bösartiger Tumoren (8–10 Fälle/100000 Einwohner) [27]. Die schlechte Prognose der Tumoren ist durch die späte Diagnosestellung (bedingt durch die uncharakteristische Symptomatologie) und den frühen Einbruch des Tumors in die V. cava und die A. mesenterica superior verursacht.

Die Papillen- und periampullären Karzinome führen relativ kurzfristig zum Symptom des Verschlußikterus und werden deshalb am frühesten entdeckt. Insgesamt erfolgt die Entdeckung des Pankreaskarzinoms trotz der Fortschritte der Ultraschalldiagnostik und der Computertomographie *zu spät,* und die Überlebensrate hat sich nicht wesentlich gebessert.

Sonographische Zeichen [12, 32, 35] (Abb. 5.8 und 5.9). Die lokale Vergrößerung zerstört die homogene Kontur des Pankreas. Eine Vergrößerung wird angenommen, wenn die in 5.2 angegebenen Maße des normalen Pankreas überschritten werden. Pankreaskopftumoren werden früher erkannt, da sie schon früh zum Ikterus führen. Jedoch kann ein kleines Pankreaskopfkarzinom nicht vom Papillentumor oder von einem Cholangiokarzinom im intrapankreatischen Anteil des Ductus choledochus unterschieden werden. Differentialdiagnostisch ist auch bei einer lokalen Vergrößerung die lokalisierte Pankreatitis zu erwägen. Die normalen Konturen des Pankreas sind scharf. Beim Pankreaskarzinom wird die Kontur *unregelmäßiger und buckliger* als bei der akuten Pankreatitis beschrieben.

Sonographische Kriterien des Pankreaskarzinoms (Abb. 5.8 und 5.9)

1. Partielle Vergrößerung des Organs
2. Unregelmäßige und bucklige Kontur mit Pseudopodien
3. Echoarme, selten echoreiche Struktur

Weitere indirekte Zeichen des Karzinoms

1. Kompression der V. cava
2. Dilatation der Gallenwege, Gallenblasenhydrops
3. Lebermetastasen
4. Aszites
5. Dilatation des D. pancreaticus
6. Tumorinfiltration, Einbruch in die V. mesenterica, V. portae, V. cava
7. Lymphknotenmetastasen

Abb. 5.8 a, b. Pankreaskorpuskarzinom. **a** Transversalschnitt (Octoson). Pankreaskorpus und teilweise Pankreasschwanz sind unscharf begrenzt und vergrößert *(Pfeil)*. Die Echostruktur ist unregelmäßig. **b** Längsschnitt (Octoson) über der Aorta. Ventral der Aorta *(A)* ist die A. mesenterica superior erkennbar, die nach kaudal verlagert ist. Oberhalb der A. mesenterica superior ist eine solide Raumforderung *(Pfeil)* erkennbar, die einem Pankreaskarzinom entspricht

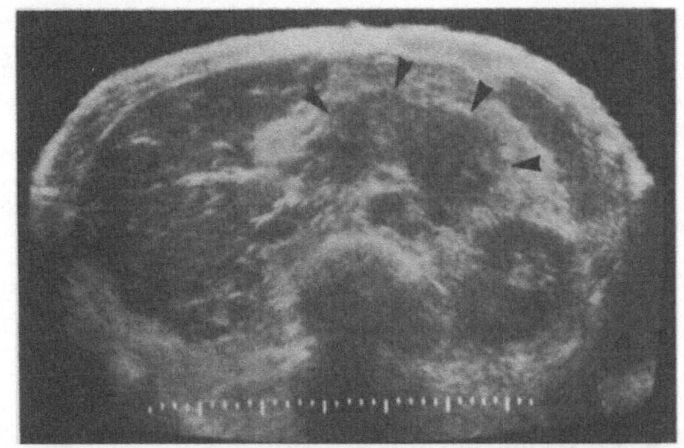

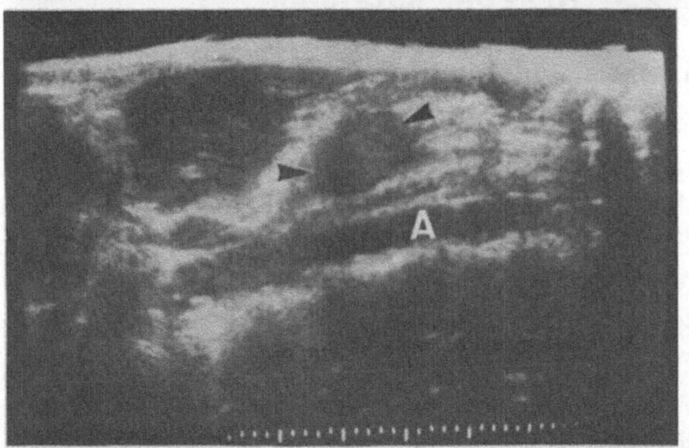

Abb. 5.9. Pankreaskopfkarzinom. Transversalschnitt durch den Pankreaskopf (Octoson). Ventral der V. cava und der rechten Niere *(N)* ist eine unscharf begrenzte echoarme Raumforderung *(Pfeil)* erkennbar, die einem Pankreaskopfkarzinom entspricht

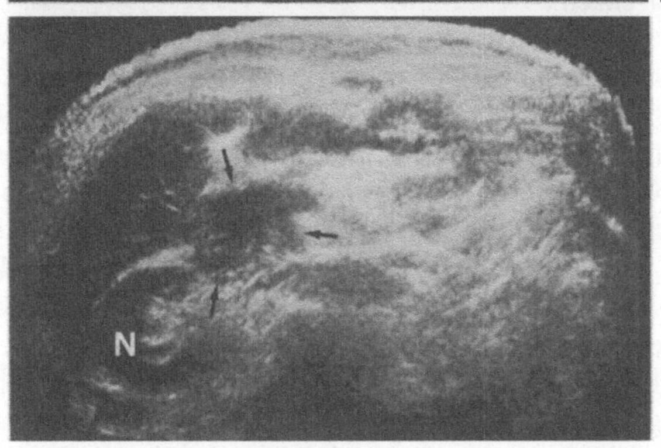

Pankreastumoren können auch zu einer Weitstellung des Ductus pancreaticus führen. Pankreasschwanztumoren sind schwer zu erkennen, da bei der normalen Sonographie in Rückenlage der Pankreasschwanz oft von Luft in Magen und Colon transversum überlagert wird. Die peripankreatischen Lymphome sind sonographisch nur von Pankreastumoren zu differenzieren, wenn sie eine septierte Konfiguration zeigen. Computertomographisch sind Lymphome außerdem noch von Pankreastumoren zu unterscheiden, wenn sie vom Pankreas durch eine Fettschicht getrennt sind. Im Ultraschall sind hohe paraaortale Lymphome durch die Ventralverlagerung der A. mesenterica superior vom

Pankreaskarzinom zu unterscheiden (Abb. 8.2). Pankreaskarzinome liegen ventral der A. mesenterica superior und verlagern diese nach dorsal. Beim Nachweis einer Raumforderung im Pankreas ist zur weiteren Abklärung eine Punktion des Organs erforderlich.

Andere Pankreastumoren (Insulinome)

Außer den oben beschriebenen Zystadenomen sind endokrin aktive Tumoren (z. B. Insulinom) sowie Metastasen des Pankreas beschrieben worden.

5.9 Wertung und Integration

Die Darstellbarkeit des Pankreas im Sonogramm schwankt zwischen 60% und 90% [1, 30, 32, 33]. Die Nichtdarstellbarkeit des Pankreas ist jedoch nicht nur durch Luftüberlagerung, sondern u.a. auch durch Streustrahlung bei starker Adipositas bedingt. Der Pankreasschwanz ist am schwierigsten darstellbar. Eine günstige Untersuchungsposition ist auch das Stehen, besonders wenn im Magen Flüssigkeit vorhanden ist, z. B. Orangensaft oder Wasser. Außerdem kann mit dem Real-time- und Compoundscanner auch die Untersuchung in Bauchlage gewählt werden [11]. Der Pankreasschwanz wird dann durch die Niere dargestellt. In dieser Position läßt sich der Pankreasschwanz besser abgrenzen.

Einige Untersuchungen haben den Wert der Sonographie und Computertomographie bei Pankreaserkrankungen bestimmt [7, 9, 19, 21]. Hessel et al. [17] haben für die Computertomographie eine Sensitivität von 87% und eine Spezifität von 90%, für die Sonographie eine Sensitivität von 69% und eine Spezifität von 82% erreicht. Freeny et al. [9] haben für die Computertomographie eine Sensitivität von 92% und eine Spezifität von 89% erreicht.

Triller u. Fuchs haben sonographisch 73% der *akuten Entzündungen des Pankreas* richtig erkannt [31]. Lackner et al. [20] haben bei akuter Pankreatitis eine Sensitivität von 79% bei Computertomographie und Sonographie erreicht. In vielen Fällen besteht bei der akuten Pankreatitis eine erhebliche Luftüberlagerung der Bauchspeicheldrüse durch den begleitenden Meteorismus. Deshalb ist die Sonogrpaphie stark beeinträchtigt, und die Computertomographie ist bei der akuten Pankreatitis die beste Methode zur Darstellung des entzündlichen Geschehens [14, 18, 29].

Der sonographische Befund bei *chronischer Pankreatitis* wechselt mit dem morphologischen Zustand des Pankreas (d.h. entzündlicher Vergrößerung, Atrophie des Organs oder Fibrose, Verkalkung und Pseudozyste [32]). Die diagnostische Treffsicherheit der Sonographie wie die der Computertomographie ist bei chronischer Pankreatitis schlecht. So haben Ferrucci et al [6] eine Trefferquote der Computertomographie bei Erkennung der chronischen Pankreatitis von 50% erreicht. Triller u. Fuchs geben eine Treffsicherheit der Sonographie von 50% an [31]. Lackner et al. [20] haben in ihrer Untersuchung bei der chronischen Pankreatitis eine Sensitivität der Computertomographie von 84% und der Sonographie von 70% erreicht. Pseudozysten können mit einer Genauigkeit um 90% sonographisch erkannt werden, während die computertomographische Trefferquote höher liegt. Bei Nachweis einer Pankreaspseudozyste hat die Sonographie eine große Bedeutung bei der Verlaufskontrolle, da es zu spontanen Rückbildungen von Pseudozysten (wahrscheinlich durch Entleerung in das Gangsystem) kommt [32].

Das *Pankreaskarzinom* ist im Sonogramm erst bei einer Form- oder Volumenänderung des Organs erkennbar. Dies bedeutet, daß erst Tumoren ab einer Größe von 2 cm erkannt werden können [23]. Eine Früherfassung des Pankreaskarzinoms gelingt beim jetzigen Stand der Technik wegen des begrenzten Auflösungsvermögens nicht [31].

Die Sensitivität der Sonographie bei der Erkennung von Pankreaskarzinomen wird unterschiedlich angegeben. Sie schwankt zwischen 80 und 94% [1, 20, 23, 30, 32]. Triller u. Fuchs haben sonographisch bei 88% der Pankreaskarzinome eine richtige Diagnose gestellt [31]. Im Bereich des Pankreaskopfs wurde in 90% der Fälle die richtige Diagnose eines Pankreaskarzinoms angegeben.

Vom Prinzip des Ultraschalls her ist es möglich, kleine Läsionen des Pankreas, die noch nicht zu einer Deformierung der Außenkontur geführt haben, durch die unterschiedliche Echostruktur zu erkennen. Diese Möglichkeit führt jedoch in der klinischen Routine nicht zu einer besseren Sensitivität der Sonographie, da die Pankreatitis und das Pankreaskarzinom eine echoarme Echotextur aufweisen und somit nicht sicher voneinander zu unterscheiden sind. Hier zeigt sich ein wesentlicher Vorteil der Computertomographie mit der Möglichkeit der Kontrastmittelgabe (Angio-CT).

Bei einer lokalisierten Vergrößerung des Pankreas ist sonographisch eine Differenzierung zwischen Tumor und Entzündung nicht möglich. Nur bei Vorliegen weiterer sekundärer Malignitätskriterien (z. B. Lebermetastasen, vergrößerte Lymphknoten, Aszites, Gallestau) ist eine Abgrenzung möglich. Auch die für Malignität als typisch beschriebenen Zeichen der unregelmäßigen ventralen Begrenzung des vergrößerten Pankreas sowie die beim Pankreaskarzinom häufig verminderte Echostruktur lassen eine sichere Unterscheidung zwischen Tumor und Entzündung nicht zu, da auch bei Entzündungen eine verminderte Echotextur des Pankreas besteht und die unregelmäßige ventrale Begrenzung auch bei der chronischen Pankreatitis beschrieben wird.

So muß bei jeder umschriebenen Vergrößerung des Pankreas im Sonogramm der Verdacht auf einen Tumor zunächst geäußert werden, und weitere Untersuchungen sind zur Abklärung nötig [31, 32]. Als nächste Untersuchung sollte dann eine Computertomographie durchgeführt werden. Die Trefferquote der Computertomographie bei der Erkennung des Pankreaskarzinoms wird mit 80–95% angegeben [15, 20]. Lackner et al. [20] haben beim Pankreaskarzinom eine Sensitivität der Computertomographie von 83% sowie eine Sensitivität der Sonographie von 85% erreicht.

Das Pankreaskarzinom wird mit der Computertomographie ab einer Größe von 15–20 mm diagnostiziert. Die entscheidenden computertomographischen

Kriterien sind Kontur- und Formveränderung des Organs, Infiltration des peripankreatischen Gewebes sowie sekundäre Malignitätskriterien (Lymphknotenmetastasen, Aszites, Gallestau, Lebermetastasen) [15]. Die Veränderungen der Dichtewerte beim kleinen Pankreaskarzinom sind unspezifisch. In neueren Untersuchungen ist mit Hilfe der Angio-CT eine Trefferquote von über 95% bei der Diagnostik des Pankreaskarzinoms erreicht worden. Aus dem in der Angiographie bekannten Kriterium der sehr geringen Perfusion des Karzinoms ergibt sich bei guter Durchblutung des Restpankreas eine Erkennbarkeit auch kleiner Karzinome in der Angio-CT.

Da – wie oben beschrieben – beim heutigen Stand der Technik Pankreaskarzinome erst ab einer bestimmten Größe aufgrund von Kontur- und Formveränderung oder Infiltration des peripankreatischen Fettgewebes erkannt werden können, müssen bei Diagnostik einer lokalisierten Vergrößerung des Pankreas weitere Untersuchungen zur Abklärung durchgeführt werden. Triller u. Fuchs haben bei 61% der Patienten mit vergrößertem Pankreas durch den zytologischen Nachweis maligner Zellen ein Neoplasma diagnostiziert [31]. Die Ergebnisse der Punktionszytologie beim Pankreaskarzinom sind mit 60–80% enttäuschend [16, 31]. Es sind durch die das Pankreaskarzinom häufig umgebenden perifokale Entzündungsgewebe negative zytologische Befunde beschrieben worden [16]. Bei negativer Feinnadelpunktion (z. B. mit Punktionsschallkopf unter sonographischer Kontrolle), sollte eine ERCP (Abb. 5.10 und 5.11) durchgeführt werden [32]. In der Untersuchung von Gmelin et al. [10] hat die ERCP die höchste Trefferquote. So konnten von 10 Pankreaskarzinomen alle richtig diagnostiziert werden. Auch bei der Unterscheidung zwischen chronischer Pankreatitis und Pankreaskarzinom hatte die ERCP die höchste Trefferquote; mit der Sonographie wurden nur 25 von 41, mit Computertomogra-

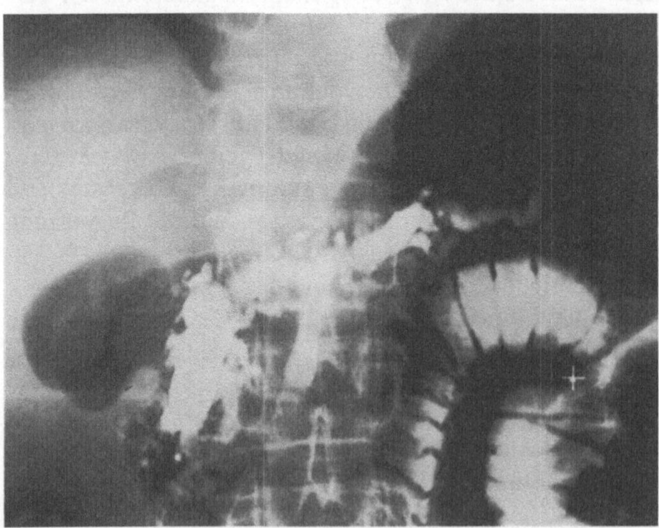

Abb. 5.10. ERCP bei chronischer Pankreatitis. Der Ductus pancreaticus ist deutlich aufgeweitet und zeigt multiple kolbenartige Auftreibungen der Nebenäste

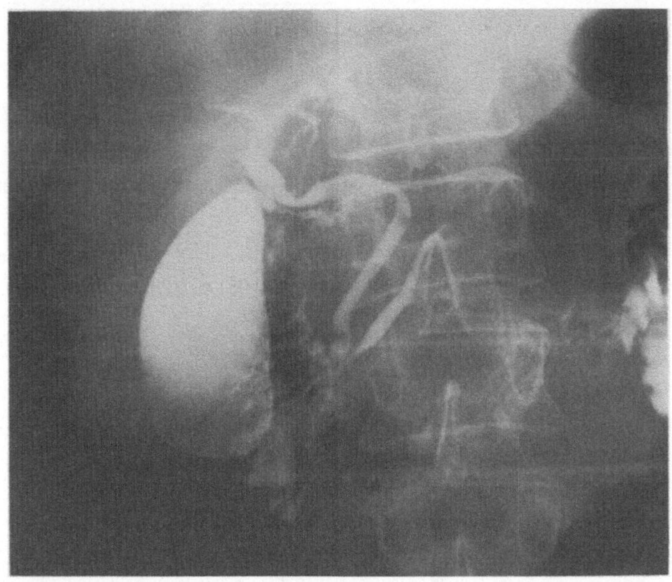

Abb. 5.11. ERCP bei Pankreaskorpuskarzinom. Gute Darstellung des Ductus choledochus mit einzelnen Kontrastmittelaussparungen, die Luftblasen entsprechen. Der Ductus pancreaticus bricht im Korpusbereich ab

phie 31 von 41 erkannt, während mit ERCP 37 von 41 Diagnosen richtig gestellt wurden. Die ERCP hat besondere Bedeutung bei der Entdeckung noch kleiner, operabler Pankreaskarzinome [10]. Es erscheint deshalb notwendig, bei negativem CT-Befund bei der chronischen Pankreatitis und vor allem bei *Karzinomverdacht eine ERCP anzuschließen* (Abb. 5.11).

Die Angiographie sollte nur noch bei Verdacht auf endokrin aktive Tumoren durchgeführt werden. Diese Tumoren sind aufgrund ihrer Hypervaskularisation auch bei geringer Größe angiographisch erkennbar [5]. Darüber hinaus ist die Angiographie nur noch aus operationstaktischen Gründen notwendig, wenn ergänzende Informationen zur Operabilität eines Tumors notwendig sind (Gefäßversorgung) [5].

Bei nekrotischem Zerfall eines Tumors kann eine zystische Struktur mit unregelmäßiger Wand entstehen, die sonographisch von einer mit Blutkoagula gefüllten Pankreaspseudozyste nicht zu unterscheiden ist.

Diagnostisches Vorgehen bei Pankreaserkrankungen (Abb. 5.12)

Als Erstuntersuchung sollte die Sonographie durchgeführt werden. Bei sonographisch unauffälligem Befund und gleichzeitig guter Darstellbarkeit sämtlicher Pankreasanteile (Kopf, Korpus, Schwanz) kann bei Übereinstimmung zwischen sonographischem Befund und Klinik der Untersuchungsgang beendet werden. Eine Computertomographie ist hier nicht erforderlich. Bei fehlender Darstellbarkeit des Pankreas sollte als nächste Untersuchung die Com-

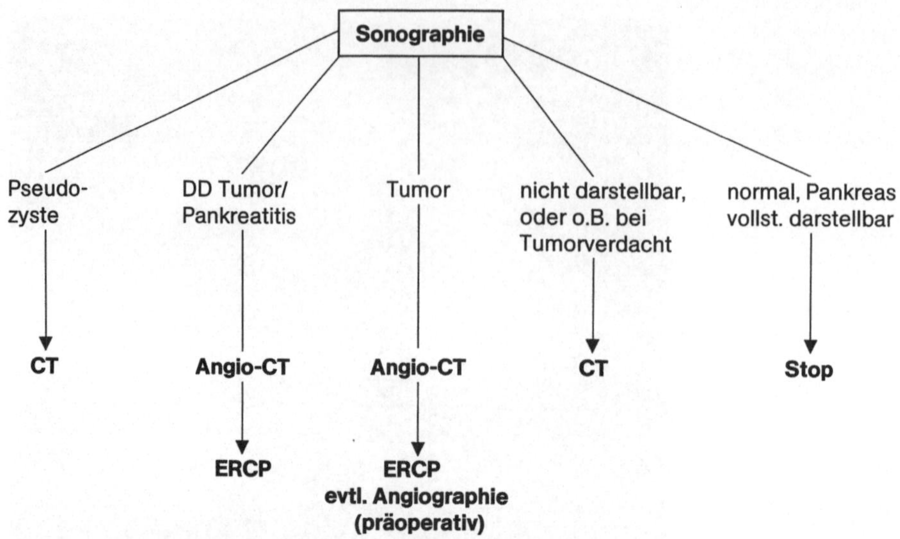

Abb. 5.12. Diagnostisches Vorgehen bei Pankreaserkrankungen

putertomographie.durchgeführt werden. Dies ist bei akuten entzündlichen Pankreaserkrankungen durch den gleichzeitig bestehenden Meteorismus relativ häufig der Fall. Bei sonographisch bestehendem Verdacht auf Tumor sollte als nächste Untersuchung eine Angio-CT angeschlossen werden. Auch bei Verdacht auf hormonaktiven Tumor ist dringend eine Angio-CT, evtl. auch eine Angiographie, erforderlich. Ist sonographisch ein Tumor erkennbar, so muß als weitere Untersuchung auch die Computertomographie zur Beurteilung der Operabilität durchgeführt werden. Wenn der Operateur es wünscht, muß präoperativ auch aus operationstaktischen Gründen eine Angiographie angeschlossen werden. Bei Nachweis einer Pseudozyste sollte eine Computertomographie angeschlossen werden, da die Computertomographie besser die Ausdehnung des entzündlichen Prozesses demonstriert. Die weitere Verlaufskontrolle kann dann mit der Sonographie erfolgen. Bei Nachweis einer umschriebenen Organvergrößerung kann zur weiteren Dignitätsbestimmung, falls dies auch mit der Computertomographie nicht genau gelingt, eine Feinnadelbiopsie durchgeführt werden. Diese zeigt, je nach Autor, eine Trefferquote von 60–80% [16, 31]. Als weitere Untersuchung wird die ERCP empfohlen, die bei den Untersuchungen von Gmelin die höchste Trefferquote hat [10].

Die diagnostische Aussagekraft der Computertomographie ist höher als die der Sonographie; aus diesem Grund sollte sie bei allen unklaren Fällen angewandt werden. Die ERCP sollte nur bei den Fällen angewandt werden, bei denen die Computertomographie keine sichere Diagnose liefert.

Literatur

1. Arger PH, Mulhern CB, Bonavita JA, Stauffer DM, Hale J (1979) An analysis of pancreatic sonography in suspected pancreatic disease. J Clin Ultrasound 7: 91–97
2. Baert AL. Usewils R, Wilms G, Marchal G, Ponet E (1981) Dynamic Studies of the pancreas. In: Felix R, Kazner E, Wegener OH (ed) Contrast media in computed tomography. Excerpta Medica, Amsterdamm Oxfort Princeton pp 282–284
3. Becker V (1980) Sonderformen der chronischen Pankreatitis. Dtsch Aerztebl 46: 11–27
4. Bree RL, Schwab RE (1981) Contribution of mesenteric fat to unsatisfactory abdominal and pelvic ultrasonography. Radiology 140: 773–776
5. Bücheler E, Boldt I (1975) Efficiency and limitations of angiography in diseases of the pancreas. In: Anacker H (ed) Efficiency and limits of radiological examination of the pancreas. Thieme, Stuttgart, pp 145–149
6. Ferrucci JT jun, Wittenberg J, Black EB et al. (1979) Computed body tomography in chronic pancreatitis. Radiology 130: 175–182
7. Fiegler W, Claussen C, Hedde JP (1984): Vergleich Computertomographie, Automatisierter Multisectorscanner (Octoson), konventioneller Ultraschall bei Pankreaserkrankungen. Roefo 140 im Druck
8. Filly RA, London SS (1979) The normal pancreas: Acoustic characteristics and frequency of imaging. J Clin Ultrasound 7: 121–124
9. Freeny PC, Morks WM, Boll TJ (1982) Impact of high-resolution computed tomography of the pancreas on utilisation of endoscopic retrograde cholangiopancreatography and angiography. Radiology 142: 35–39
10. Gmelin E, Weiss HD, Fuchs HD, Reiser M (1981) Vergleich der diagnostischen Treffsicherheit von Ultraschall, Computertomographie und ERPC bei der chronischen Pankreatitis und beim Pankreaskarzinom. ROEFO 134/2: 136–141
11. Goldstein HM, Katragadda CS (1978) Prone view ultrasonography for pancreatic tail neoplasms. AJR 131/ 231–234
12. Grabbe E, Hagemann J, Klapdor R, Pfeiffer M (1980) Sonographie und Computertomographie in der Verlaufskontrolle des Pankreaskarzinoms. ROEFO 133/2: 149–154
13. Haber K, Freimanis AK, Asher M (1976) Demonstration and dimensional analysis of the normal pancreas with grey scale echosonography. AJR 126: 624–628
14. Haertel M, Tillmann U, Fuchs WA (1979) Die akute Pankreatitis im Computertomogramm. ROEFO 130: 525–530
15. Haertel M, Zaunbauer W, Fuchs WA (1980) Die computertomographische Morphologie des Pankreaskarzinoms. ROEFO 133/1: 1–5
16. Hanke S, Pedersen JF (1976) Ultrasonically guided percutaneous fine needle biopsy of the pancreas. Surg Gynecol Obstet 142: 551–552
17. Hessel SJ, Siegelmann SS, McNeil BJ, Sanders R, Adams DF, Alderson PO, Finberg HJ, Abrams HL (1982) A prosective evalution of computed tomography and ultrasound of the pankreas. Radiology 143: 129–133
18. Husband JE, Meire HB, Kreel L (1977) Comparison of ultrasound and computed tomography in pancreatic diagnosis. Br J Radiol 50: 855–862
19. Kremer H, Gebauer A, Scherer U et al. (1978) Sonographische und computertomographische Pankreasdiagnostik im Vergleich. Verh Dtsch Ges Inn Med 84: 1028–1031
20. Lackner K, Frommhold H, Grauthoff H, Mödder U, Heuser L, Braun G, Buurman R, Scherer K (1980) Wertigkeit der Computertomographie und der Sonographie innerhalb der Pankreasdiagnostik. ROEFO 132/5: 509–513
21. Levitt RG, Gliesse GG, Sagel SS et al. (1978) Complementary use of ultrasound and computed tomography in studies of the pancreas and kidney. Radiology 126: 149–152
22. Lutz H (1978) Ultraschalldiagnostik (B-scan) in der Inneren Medizin. Springer, Berlin Heidelberg New York S 72–83
23. Lutz H, Ehler R, Heyder N, Reidel L (1980) Differentialdiagnostik der Pankreaserkrankungen mit Ultraschall. Ultraschall 1: 12–25
24. Meyers MA (1976) Dynamic radiology of the abdomen. Normal and abnormal anatomy. Springer, Berlin Heidelberg New York

25. Mödder U, Friedmann G, Rosenberger J (1981) Wert der Angio-CT für Stadieneinteilung und Therapie bei akuter Pankreatitis. ROEFO 134/1: 22–27
26. Otte M (1979) Klinik der chronischen Pankreatitis. In: Forell MM (Hrsg) Chronische Pankreatitis und Pankreaskarzinom. Klinik, Diagnostik und Therapie. Thieme, Stuttgart New York, S 4–12
27. Rückert K, Kümmerle F (1981) Pankreaskarzinom – neue diagnostische und therapeutische Möglichkeiten. Dtsch Aerztebl 49: 2343–2347
28. Sarles H, Sahel J (1976) Die chronische Pankreatitis. In: Forell MM (Hrsg) (Handbuch der inneren Medizin, Bd 3/6) Pankreas. Springer, Berlin Heidelberg New York
29. Silverstein W, Isikoff MB, Hill C, Barkin J (1981) Diagnostic imaging of acute pancreatitis: Prospective study using CT and sonography. AJR 137: 497–502
30. Taylor KJW, Buchin PJ, Viscomi GN, Rosenfield AT 1981) Ultrasonographic scanning of the pancreas. Prospective study of clinical results. Radiology 138: 211–213
31. Triller J, Fuchs WA (1980) Abdominelle Sonographie. Thieme, Stuttgart New York S 85–105
32. Weill FS (1978) Ultrasonography of digestive diseases. Mosby, St. Louis pp 279–408
33. Wittich G, Czembirek H, Fürst K, Schneider F (1981) Qualitätskriterien der Pankreassonographie. ROEFO 135/1: 68–72
34. Wolson AH, Walls WJ (1976) Ultrasonic characteristics of cystadenoma of the pancreas. Radiology 119: 203–205
35. Wright CH, Maklad F, Rosenthal RJ (1979) Grey-scale ultrasonic characteristics of carcinoma of the pancreas. Br J Radiol 52: 281–288

6 Milz

6.1 Indikationen zur Ultraschalluntersuchung

- Bestimmung der Milzgröße (Leberzirrhose, Erkrankungen des lymphatischen Systems)
- Trauma

6.2 Anatomie

Die Milz liegt im linken Oberbauch. Der obere Pol grenzt an das Zwerchfell, der untere Pol liegt der kranialen Hälfte der linken Niere an und führt zu einer Impression der linken Niere. Die laterale Kontur der Milz grenzt an die Thorax- bzw. Abdominalwand. Die mediale Begrenzung ist gering konkav [10]. Der Pankreasschwanz reicht bis zum Milzhilus. Er läßt sich deshalb durch die Milz häufig gut darstellen. Die Milz ist echoärmer als die Leber, die Echostruktur mit Ausnahme der Region um den Milzhilus homogen [7].

Die Sonographie kann durch ihre variable Schnittführung die Größe der Milz in 3 Ebenen messen. Die nicht vergrößerte Milz unterschreitet den unteren Rippenbogen nicht. Folgende Maße werden beim Erwachsenen als Normwerte angesehen [7]: a.-p. Durchmesser: 12 cm, kraniokaudaler Durchmesser: 14 cm, Querdurchmesser: 4–6 cm.

Anomalien

Nebenmilzen sind separate Inseln von Milzgewebe, die solitär oder multipel auftreten können und in der Mehrzahl der Fälle im Hilusbereich des Organs liegen. Ihre Echostruktur ähnelt der der Milz [7]. Sonographisch können sie jedoch häufig nicht sicher von Lymphomen oder Pankreasschwanzprozessen unterschieden werden. Deshalb ist die Milzszintigraphie die beste Methode zum Nachweis von Nebenmilzen. Bei der Polysplenie ist die Milz in mehrere Parenchymlappen unterteilt.

6.3 Splenomegalie

Sonographische Kriterien der Splenomegalie (Abb. 6.1–6.4)
Die Normmaße der Milz sind in 2 Ebenen überschritten.

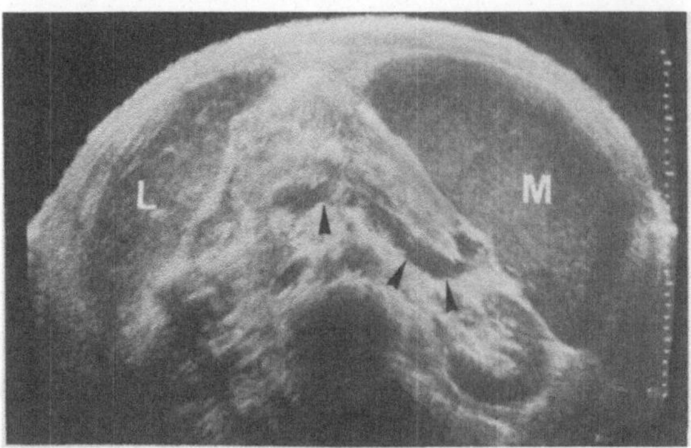

Abb. 6.1. Splenomegalie bei Leberzirrhose. Transversalschnitt durch den Oberbauch (Octoson). Deutlich vergrößerte Milz *(M)*. Darstellung der erweiterten V. lienalis *(Pfeil)* mit dem ventral davon liegenden Pankreas. Die Echostruktur der Leber *(L)* ist bei Leberzirrhose verstärkt

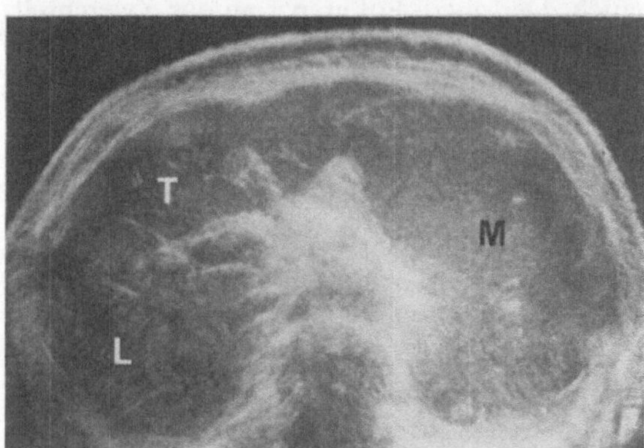

Abb. 6.2. Splenomegalie bei M. Hodgkin. Deutlich vergrößerte Milz *(M)* , die den gesamten linken Oberbauch ausfüllt. Die Leber *(L)* zeigt in den ventralen Abschnitten Bereiche von verminderter Echodichte *(T)* als Hinweis auf die Leberinfiltration. Die Echostruktur der Milz ist regelmäßig

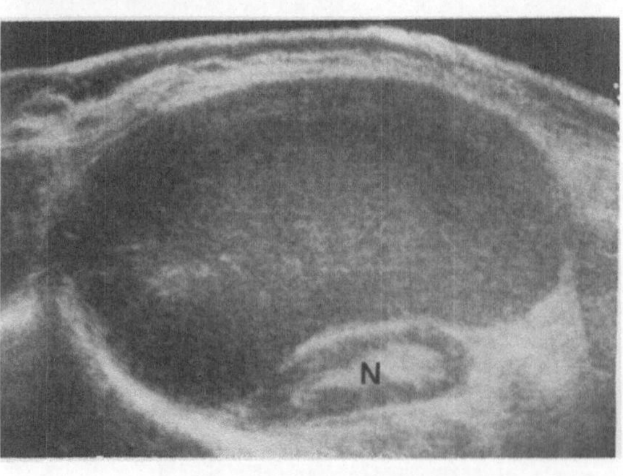

Abb. 6.3. Splenomegalie bei Leukämie. Längsschnitt durch den linken Oberbauch (Octoson). Starke Vergrößerung der Milz mit Verlagerung der linken Niere *(N)* nach kaudal

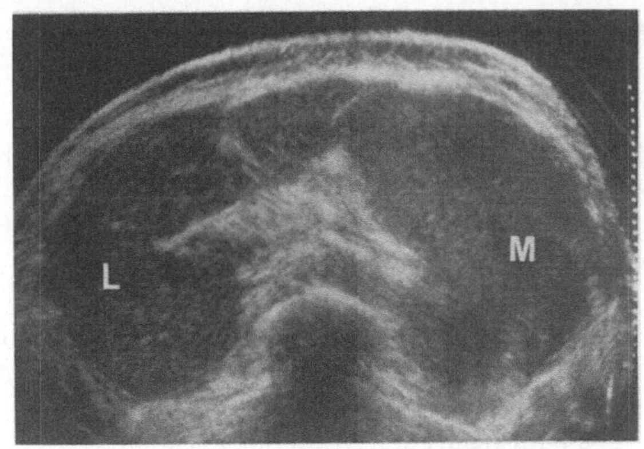

Abb. 6.4. Splenomegalie bei Sarkoidose. Transversalschnitt durch den Oberbauch (Octoson). Starke Vergrößerung der Milz *(M)*, die eine stärkere, homogene Echostruktur als die Leber *(L)* aufweist (bedingt durch eine vermehrte Fibrosierung)

Die Echostruktur des Organs ist homogen. Die Diagnose ist leicht möglich durch das sonographisch nachweisbare erweiterte portale Gefäßsystem, den häufig vorkommenden Aszites sowie die Leberveränderungen (s. 3; Abb. 6.1). Es lassen sich 3 Gruppen von sonographischen Echostrukturen der Milz bei Splenomegalie unterscheiden [3, 4, 8]:

1. Verminderte reflexgebende Struktur des Milzparenchyms (besonders bei Hodgkin-, Non-Hodgkin-Lymphomen und chronisch lymphatischer Leukämie) (Abb. 6.2 und 6.3).
2. Mäßig reflexgebende Struktur der Milz (portale Hypertension, Myelofibrose, Polyzytämie; Abb. 6.1).
3. Stark reflexgebende Struktur, wird bei nicht malignen chronischen Entzündungen (Tuberkulose, Sarkoidose, Bruzellose und Malaria) beobachtet (Abb. 6.4).

Die Milz gehört zum retikoloendothelialen System und ist deshalb bei der chronischen myeloischen Leukämie und bei Morbus Hodgkin oft mitbefallen [4]. Die Bedeutung der Sonographie liegt in der Bestimmung der Organgröße (z. B. zur Feststellung der Feldgrenzen bei der Strahlentherapie sowie in der Verlaufskontrolle während der Therapie) [3].

6.4 Fokale Milzerkrankungen

Milzzysten (Abb. 6.5)

Kongenitale Milzzysten sind relativ selten, am häufigsten sind traumatische oder parasitäre Milzzysten [2].

Sonographische Kriterien der Milzzysten (Abb. 6.5)

1. Echofreie Struktur, evtl. am Boden fein verteilte Strukturechos, die durch Eiweißpartikel oder Cholesterinkristalle bedingt sind
2. Glatt begrenzte Wand
3. Schallverstärkung distal der Zyste

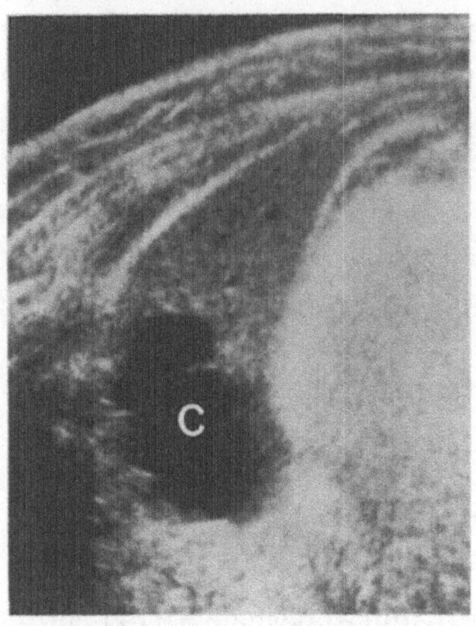

Abb. 6.5. Milzzyste. Längsschnitt durch den linken Oberbauch (Octoson). Im kranialen Anteil der Milz ist eine angedeutet septierte, glatt begrenzte zystische Struktur *(C)* mit dorsaler Schallverstärkung erkennbar

Echinokokkuszysten der Milz zeigen dieselben Kriterien wie die Echinokokkuszysten der Leber (s. 3.7).

Milzinfarkte

Milzinfarkte sind sonographisch schwer nachzuweisen. Bei größeren Infarkten ist der infarzierte Bereich als heterogene Reflexzone erkennbar [3, 10].

Hämatom

Sonographische Kriterien des subkapsulären Milzhämatoms [1] (Abb. 6.6)

1. Subkapsuläre Lage
2. Sichelförmige echofreie Zone
3. Splenomegalie
4. Unregelmäßige Kontur der Milz

6.6 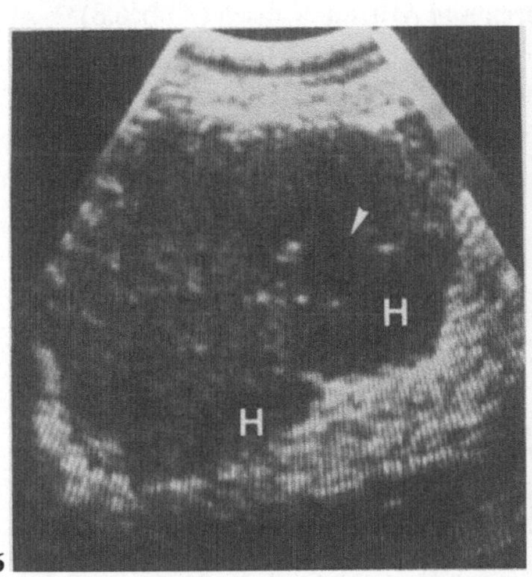

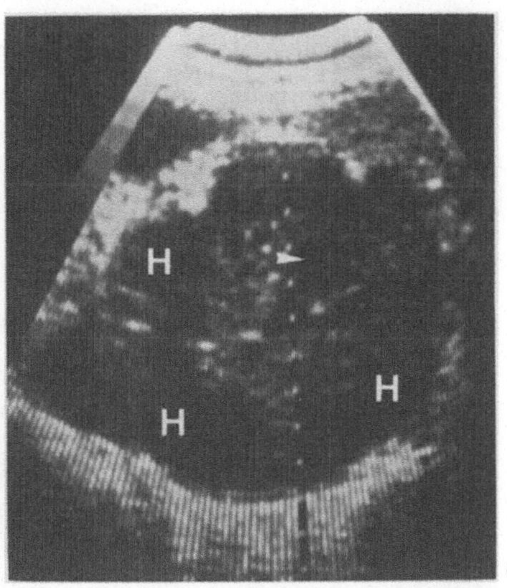 6.7

Abb. 6.6. Subkapsuläres Milzhämatom mit intralienalem Hämatom. Schrägschnitt durch die Milz (Real-time). In den kaudalen Abschnitten der Milz sind 2 marginale längliche echofreie Zonen *(H)* erkennbar, in den kaudoventralen Abschnitten auch zystische Struktur des Milzparenchyms *(Pfeil)* als Hinweis auf ein intralienales Hämatom

Abb. 6.7. Milzruptur. Schrägschnitt durch den linken Oberbauch (Real-time). Gebuckelte Außenkontur mit mehreren marginalen echofreien Zonen *(H)* als Hinweis auf subkapsuläre Hämatome. Die intralienalen echofreien Zonen *(Pfeil)* entsprechen Blutungen innerhalb des Milzparenchyms

Da die Erkennung von kleinen subkapsulären Hämatomen erschwert ist [1, 10], sollte bei unklaren Fällen eine Kontrollsonographie oder eine Computertomographie durchgeführt werden. Bei Kapselruptur der Milz kommt im Oberbauch eine zystische Struktur zur Darstellung. Außerdem sind auch intralienale Hämatome als echofreie Areale erkennbar (Abb. 6.7). Die Milz ist häufig vom Hämatom nach dorsal und kranial verdrängt. Es muß aber auch der Douglas-Raum untersucht werden, da sich das Blut dort sammelt, nachdem es entlang der linken Kolonrinne abgeflossen ist.

Ältere, organisierte Hämatome sind sonographisch schwer einzuordnen. Differentialdiagnostisch müssen ein retroperitonealer Tumor, ein Nebennierentumor oder Lymphome erwogen werden [3].

Milztumoren, Milzmetastasen (Abb. 6.8)

Primäre und sekundäre Milztumoren sind selten. Bei primären Milztumoren ist neben einer Splenomegalie eine Strukturunruhe erkennbar [7]. Milzmetastasen (Abb. 6.8) können bei malignem Melanom, Mamma-, Bronchial- und Ovarialkarzinom beobachtet werden [10]. Metastasen zeigen ein Echomuster wie die Lebermetastasen (s. 3.8). Es besteht häufig gleichzeitig eine Splenomegalie [5].

Sonographische Kriterien der Milztumoren und Milzmetastasen (Abb. 6.8)

1. Splenomegalie
2. Strukturunruhe
3. Verändertes Echomuster der Milz

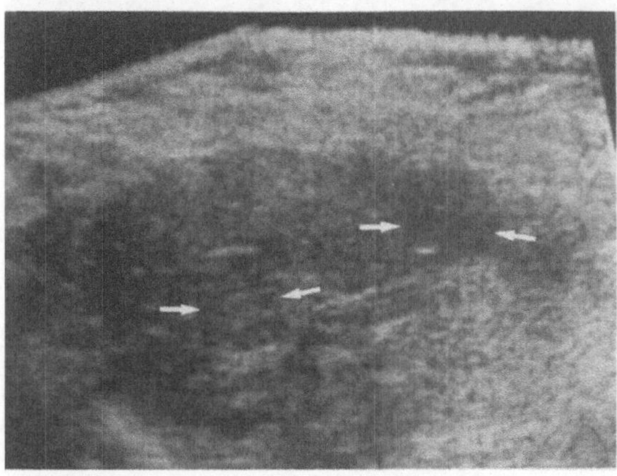

Abb. 6.8. Milzmetastasen. Längsschnitt durch den linken Oberbauch (Octoson). Leichte Splenomegalie mit unregelmäßiger Echostruktur. Es sind multiple Läsionen *(Pfeile)* erkennbar

Milzverkalkungen

Am häufigsten sind Verkalkungen im Rahmen einer abgelaufenen Tuberkulose und Histoplasmose [7] zu beobachten. Auch Echinokokkuszysten, Metastasen und vaskuläre Strukturen in der Milz können verkalken. Die Verkalkungen sind durch ein kräftiges Echo sowie einen Schallschatten charakterisiert.

6.5 Wertung und Integration

Die Bedeutung der Sonographie in der Milzdiagnostik liegt in der Größenbestimmung des Organs. Nur bei ungenügender Darstellbarkeit der Milz im Sonogramm sollte zur Größenbestimmung der Milz ein Technetiumszintigramm mit ^{99m}Tc durchgeführt werden. Auch fokale Veränderungen, wie Zysten, Mestastasen und Verkalkungen, lassen sich sonographisch gut erfassen. Bei der Frage nach Splenomegalie sollte deshalb die Sonographie als Erstuntersuchung durchgeführt werden. Bei polytraumatisierten Patienten sollte jedoch, falls eine Computertomographie möglich ist, zuerst diese durchgeführt werden, da auch die knöchernen Verletzungen diagnostiziert und nach Injektion von Kontrastmittel auch Läsionen an den großen Gefäßen demonstriert werden können. Wenn keine Computertomographie zur Verfügung steht, sollte bei Traumen als Erstuntersuchung die Sonographie durchgeführt werden. Jedoch sind kleine subkapsuläre Hämatome sonographisch häufig nicht erkennbar. Bei

Verdacht auf Gefäßprozesse, Aneurysmen oder Milzvenenthrombosen, kann eine Angio-CT oder eine Angiographie als Erstuntersuchung durchgeführt werden [7] (Abb. 6.9).

Bei unklarem sonographischen Befund sollte als weiterführende Untersuchung zunächst die Computertomographie angewandt werden (Abb. 6.9). Nach Taylor u. Milan [8] besteht eine direkte Korrelation zwischen einer herabgesetzten Echostruktur der Milz und dem Ausmaß des Organbefalls bei malignen Lymphomen und Leukosen.

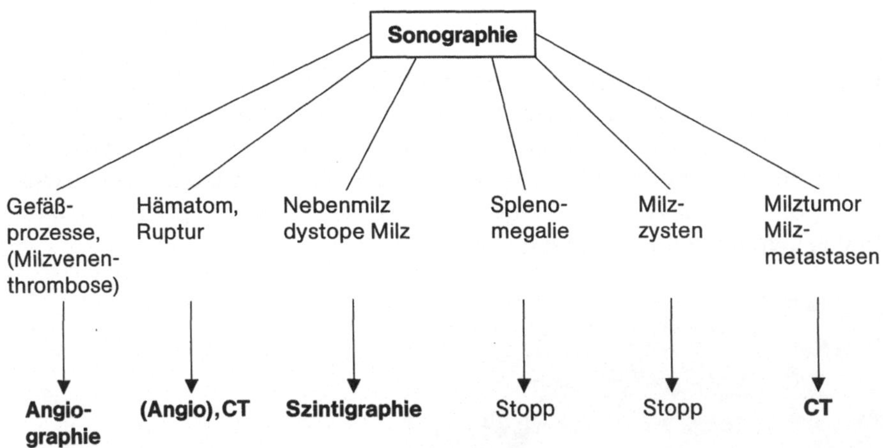

Abb. 6.9. Diagnostisches Vorgehen bei Milzerkrankungen

Literatur

1. Asher WM, Parvin S, Virgillo RW, Haber K (1976) Echographic evaluation of splenic injury after blunt trauma. Radiology 118: 411–415
2. Bhimji SD, Cooperberg PL, Naiman S, Morrison RT, Shergill P (1977) Ultrasound diagnosis of splenic cysts. Radiology 11: 787–789
3. Frommhold H, Koischwitz D (1982) Sonographie des Abdomens. In: Frommhold W (Hrsg) Röntgen, Bd VII. Thieme, Stuttgart New York, S 105–113
4. Glees JP, Taylor KJW, Gazet JC, Peckham MJ, McCready VR (1977) Accuracy of grey scale ultrasonography of liver and spleen in Hodgkin's disease and other lymphomas compared with isotope scans. Clin Radiol 28: 233–238
5. Mittelstaedt CA, Partain CL (1980) Ultrasonic-pathologic classification of splenic abnormalities: grey-scale patterns. Radiology 134: 697–705
6. Murphy JF, Bernardino ME (1979) The sonographic findings of splenic metastasis. J Clin Ultrasound 7: 195–197
7. Rehwald U, Heckemann R (1983) Sonographische Untersuchung der Milz. Radiologe 23: 114–120
8. Taylor KJW, Milan J (1976) Differential diagnosis of chronic splenomegaly by grey-scale ultrasonography: clinical observations and digital A-scan analysis. Br J Radiol 49: 519–525
9. Triller J, Fuchs WA (1980) Abdominale Sonographie. Thieme, Stuttgart New York S 61–71
10. Weill FS (1982) Ultrasonography of digestive diseases. Mosby, St. Louis Toronto London pp 441–474

7 Nebennieren

7.1 Anatomie

Die rechte Nebenniere (Abb. 7.1) liegt kranial, ventral und medial des oberen Nierenpols, etwa 0,5 cm lateral der Wirbelsäule und ist dorsal der V. cava inferior und medial der Leber gelegen [3]. Die linke Nebenniere liegt ventromedial vom oberen Nierenpol in Höhe der medial-kranialen Nierenkontur sowie lateral und posterior zur Aorta abdominalis. Die Darstellung gelingt mit hochauflösenden Geräten mit Frequenzen von 3–5 MHz.

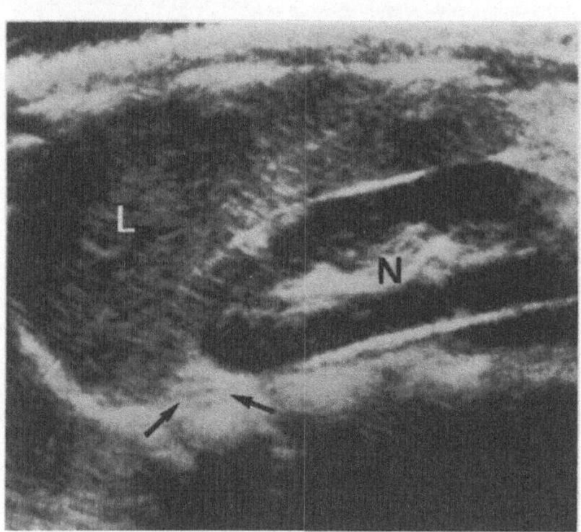

Abb. 7.1. Normale Nebenniere. Längsschnitt durch den rechten Oberbauch (Octoson). Oberhalb der rechten Niere *(N)* zwischen Niere und rechtem Leberlappen *(L)* ist eine dreieckige echodichte Struktur *(Pfeil)* erkennbar, die der normalen rechten Nebenniere entspricht

7.2 Untersuchungstechnik

Die rechte Nebenniere wird transversal am besten in linker Seitenlage dargestellt. In longitudinaler Schnittführung ist die rechte Nebenniere in Rückenlage mit nach dorsolateral gekipptem Schallkopf durch die V. cava hindurch darstellbar. Die rechte Nebenniere liegt bei dieser Schnittführung unmittelbar dorsal der V. cava inferior (Abb. 7.1). Bei Luftüberlagerung muß auch die longitudinale Schnittführung in linker Seitenlage durchgeführt werden. Hierdurch wird eine Schnittebene durch die rechte Niere hindurch gewählt, wobei die Niere als „Schallfenster" dient.

Die linke Nebenniere ist schwieriger darzustellen und auf Transversalschnitten meist von Darmgas überlagert. Sie kann jedoch durch die linke Niere bei rechter Seitenlage des Patienten dargestellt werden. Hierbei wird die linke Niere als „Schallfenster" benutzt. Die linke Nebenniere ist als dreieckige Struktur erkennbar, die ventromedial der linken Niere liegt [3, 8].

7.3 Nebennierenzysten, Hämatome

Nebennierenzysten (Abb. 7.2) sind sehr selten. Sie verkalken häufiger als die Nierenzysten. Außerdem werden parasitäre (Echinokokkuszysten), lymphangiomatöse und angiomatöse Zysten sowie Pseudozysten nach Hämorrhagien und Pseudozysten durch Nekrose beobachtet.

Nebennierenzysten und Hämatome sind durch eine echofreie Struktur in der Nebennierenregion charakterisiert (Abb. 7.2). Differentialdiagnostisch müssen Nieren-, Milz-, Leber- und Pankreaszysten abgegrenzt werden. Die Nachweisgrenze für Nebennierenzysten ist niedriger als die für Nebennierentumoren, da Zysten durch den großen Impedanzunterschied zu den angrenzenden Organen besser dargestellt werden können. Die Zysten können Echos enthalten (Zelldetritus), auch kann die Zystenwand verkalken.

Sonographische Kriterien der Nebennierenzyste (Abb. 7.2)
Echofreie, runde Läsion in der Nebennierenloge

Die Nebennierenhämatome zeigen eine solide Struktur bei Organisation des Hämatoms.

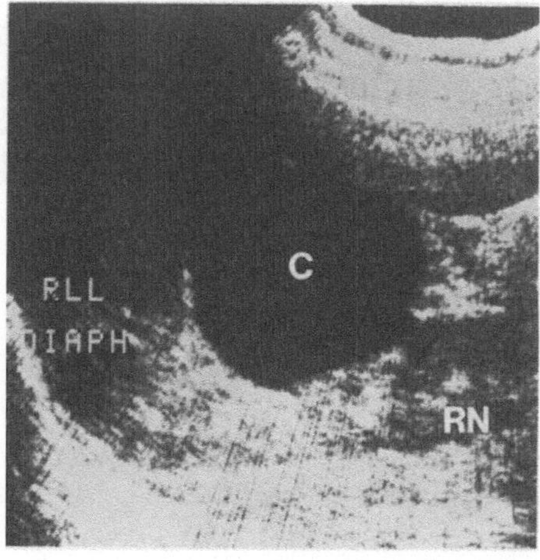

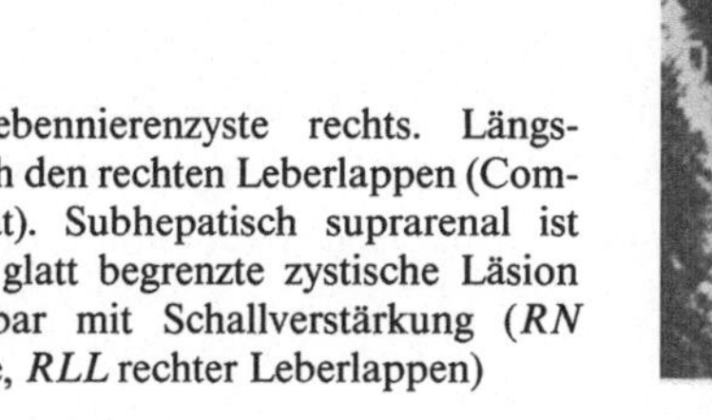

Abb. 7.2. Nebennierenzyste rechts. Längsschnitt durch den rechten Leberlappen (Compound-Gerät). Subhepatisch suprarenal ist rechts eine glatt begrenzte zystische Läsion *(C)* erkennbar mit Schallverstärkung (*RN* rechte Niere, *RLL* rechter Leberlappen)

7.4 Nebennierenverkalkungen

Nebennierenverkalkungen sind durch ein stärkeres Echo im Bereich der Nebenniere sowie durch einen Schallschatten gekennzeichnet.

7.5 Solide Nebennierentumoren

Eine aufwendige Untersuchungstechnik kann auch Nebennierenhyperplasien nachweisen. Es liegt dann eine symmetrische Vergrößerung beider Nebennieren vor.

Adenome

Adenome sind sonographisch als solide, rundliche raumfordernde Strukturen in der Nebennierenloge nachweisbar (Abb. 7.3). Die Adenome beim Conn-Syndrom können sehr klein sein und sind deshalb sonographisch sehr schwierig nachweisbar. Häufig sind Nekrosen und zystische Degenerationen, seltener Verkalkungen in den Adenomen nachweisbar.

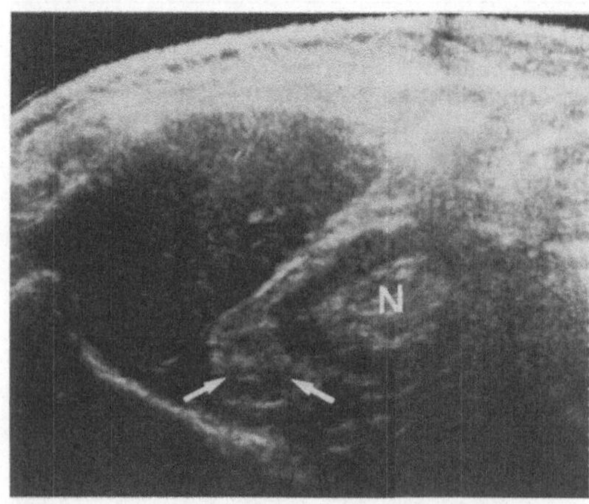

Abb. 7.3. Adenom der linken Nebenniere. Längsschnitt durch den linken Oberbauch (Octoson). Oberhalb der linken Niere *(N)* in der Nebennierenloge ist eine kleine, echoarme Raumforderung *(Pfeile)* erkennbar, die einem Nebennierenadenom entspricht

Nebennierenkarzinome

Durch die z. T. fehlende klinische Symptomatik sind die Malignome bei der Entdeckung häufig sehr ausgedehnt. Im Tumor sind Blutungen und Verkalkungen erkennbar. Durch die ausgedehnte und frühzeitige Metastasierung besteht eine ungünstige Prognose.

Sonographische Kriterien eines Nebennierentumors (Abb. 7.4 und 7.5)

1. Solide Läsion in der Nebennierenloge mit Vorwölbung der Organkontur
2. Verlagerung der Niere, Milzvene und des Pankreaskopfes
3. Impression der V. cava

7.4 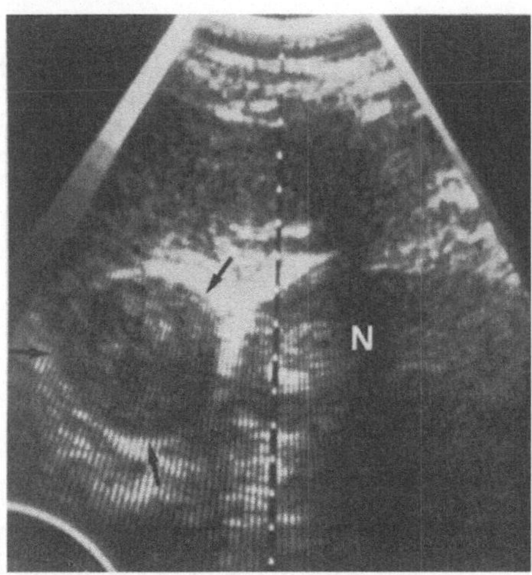

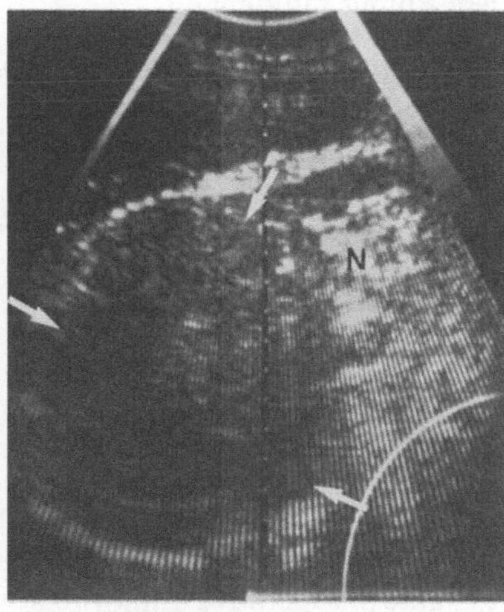 7.5

Abb. 7.4. Phäochromozytom der linken Nebenniere (Real-time). Oberhalb der linken Niere *(N)* ist eine 5 · 5 cm große, glatt begrenzte echoarme Raumforderung *(Pfeil)* erkennbar

Abb. 7.5. Nekrotisch zerfallenes Phäochromozytom der rechten Nebenniere. In der rechten Nebennierenloge ist ein 12 · 12 cm großer partiell nekrotischer Tumor *(Pfeil)* erkennbar, der die rechte Niere *(N)* verlagert hat

Phäochromozytom (Abb. 7.4 und 7.5)
Das Phäochromozytom tritt zu 90% intra- und zu 10% extraadrenal auf und kommt in ca. 10% der Fälle bilateral vor. Der Tumor kann sehr ausgedehnt sein und neigt zu Nekrosen, zystischen Degenerationen, Einblutungen sowie Fibrosierungen und Verkalkungen (Abb. 7.4 und 7.5). Diese großen Nebennierentumoren können sonographisch mit einer hohen Treffsicherheit erkannt werden. Sie zeigen eine komplexe Echostruktur.

Metastasen

Nebennierenmetastasen werden am häufigsten bei Bronchialkarzinom beobachtet, jedoch auch Tumoren der Mamma, des Magens, des Pankreas und der Niere sowie Melanome können in die Nebenniere metastasieren. In 50% der Fälle sind beide Nebennieren metastatisch befallen. Differentialdiagnostisch ist ein primäres Nebennierenkarzinom nicht auszuschließen.

7.6 Fehlermöglichkeiten bei der Nebennierendarstellung [3]

Die rechte Nebenniere kann verwechselt werden mit:
- dem rechten Zwerchfellschenkel, insbesondere bei longitudinalen Schnittführungen,
- der Pars descendens duodeni (jedoch an der Peristaltik erkennbar) [9],
- dem Bulbus duodeni.

Fehlermöglichkeiten bei der Erkennung der linken Nebenniere (häufiger als auf der rechten Seite) bestehen durch Verwechslung mit:
- dem ösophagogastralen Übergang,
- dem Magenantrum (Peristaltik) [9],
- der Lappung der Milz und Milzanteilen,
- dem Pankreasschwanz.

7.7 Wertung und Integration

Die Indikation zur radiologischen Untersuchung der Nebenniere erfolgt aufgrund von klinischen und laborchemischen Befunden. Der Operateur wünscht eine exakte präoperative Tumorlokalisation [2, 7]. Deshalb reicht bei vielen Fragestellungen die Sonographie nicht aus, obwohl mit aufwendiger Untersuchungstechnik und von erfahrenen Untersuchern eine direkte Darstellung der rechten normalen Nebenniere bei etwa 90%, der linken normalen Nebenniere bei etwa 80% der Patienten möglich ist [8, 9]. Größere Tumoren wie Phäochromozytome sind sonographisch gut erkennbar, dagegen sind kleine Adenome sonographisch sehr schwer zu demonstrieren. Die normale Nebenniere ist häufig wegen der ähnlichen Echotextur von Nebenniere und perirenalem Fettgewebe nicht abgrenzbar. Die Nebennierenszintigraphie mit ^{131}J-Cholesterol kann Nebennierentumoren lokalisieren [10]. Phäochromozytome sind gut szintigraphisch mit Jod-131-Meta-Jodbenzylguanidin zu erkennen. Koischwitz et al. [6] haben bei einer Vergleichsstudie Computertomographie/Ultraschall an 42 Patienten eine Treffsicherheit von 88% für die Computertomographie und eine von 76% für den Ultraschall bei der Erkennung von Nebennierentumoren erreicht; Tumoren unter 1 cm entgingen dem Nachweis; Tumoren zwischen 1–2 cm waren nur im CT und Tumoren über 2 cm im CT und im Sonogramm nachweisbar. Die Autoren sehen einen Vorteil des Ultraschalls in der besseren Klärung der Organzugehörigkeit (Leber, Niere) [6]. Auch bei Kindern und schlanken Patienten sowie bei ektoper Lage der adrenalen Tumoren zeigt die Sonographie Vorteile.

Trotz der von einigen Autoren beschriebenen guten Nachweisbarkeit auch der normalen Nebenniere ist als primäre röntgendiagnostische Maßnahme sowie zum Nachweis einer Größenveränderung heute die Computertomographie als Methode der Wahl anzusehen [5]. Mit diesem Verfahren werden Raumforderungen mit einer hohen Treffsicherheit (90–95%) [4] diagnostiziert. Zur Abklärung und Suche von hormonaktiven extraadrenal gelegenen Tumoren wird die selektive Venenblutentnahme angewandt.

Diagnostisches Vorgehen bei Nebennierenerkrankungen (Abb. 7.6)

Als Erstuntersuchung sollte die Computertomographie, evtl. mit Sonographie durchgeführt werden [1]. Wenn die Nebenniere gut erkennbar und nicht vergrößert ist, ist die Untersuchung beendet. In allen anderen Fällen sollte eine CT durchgeführt werden. Bei *positivem* CT-Befund ist der Untersuchungsablauf bei Aldosteronismus sowie bei Cushing-Syndrom, bilateraler Hyperplasie, Adenom und Karzinom beendet. Beim Phäochromocytom sollte eine Arteriographie angeschlossen werden. Bei *beidseitigem* Befall sollten eine Venographie sowie eine selektive Venenblutentnahme aus der V. suprarenalis durchgeführt werden. Bei *negativen* CT-Befunden ist der Untersuchungsablauf bei der Frage nach Karzinom, Tumoren, Zysten und M. Cushing beendet. Besteht der Verdacht auf Aldosteronismus, sollte eine Venographie sowie eine selektive Venenblutentnahme angeschlossen werden, bei der Frage nach Phäochromozytom eine Arteriographie. Auch bei *unklarem* CT-Befund sollte bei der Frage nach Phäochromozytom die Arteriographie angeschlossen werden, bei Verdacht auf Aldosteronismus die Venographie und die selektive Venenblutentnahme. Dieses Untersuchungsschema zeigt die optimale Anwendung des CTs und den Einsatz von Angiographie und Venographie zur Bestätigung oder zum Ausschluß von Erkrankungen.

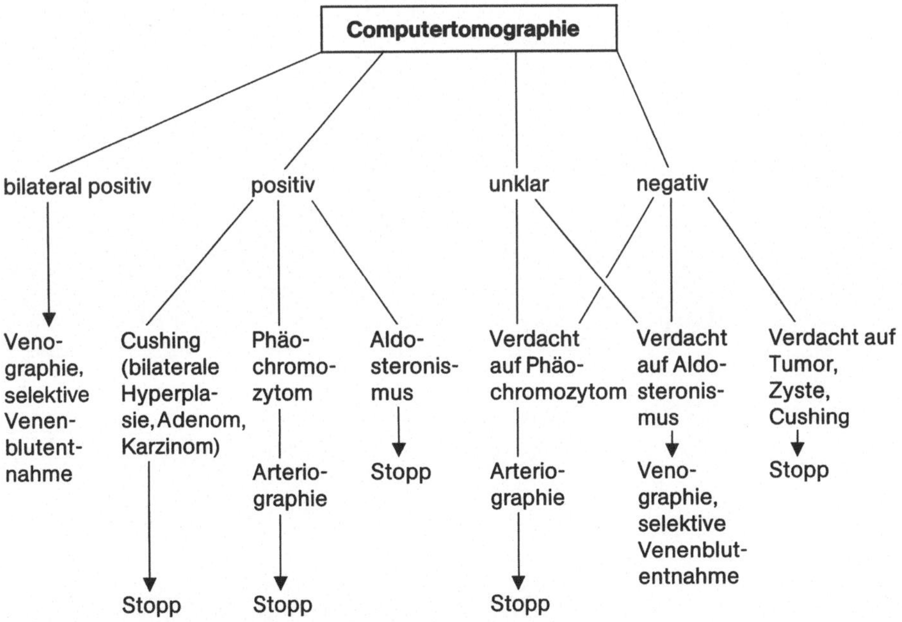

Abb. 7.6. Diagnostisches Vorgehen bei Nebennierenerkrankungen

Literatur

1. Abrams HL, Siegelman SS, Adams DF, Sanders R, Finberg HJ, Hessel SJ, Mc Neil BJ (1982) Computed tomography versus ultrasound of the adrenal gland: A respective study. Radiology 143: 121–128
2. Davidson JK, Morley P, Hurley GD, Holford NGH (1975) Adrenal venography and ultrasound in the investigation of the adrenal gland: an analysis of 58 cases. Br J Radiol 48: 435–450
3. Frommhold H, Koischwitz D (1982) Sonographie des Abdomens. Thieme, Stuttgart New York S 140–147
4. Haertel M, Probst P, Bollmann J, Zingg E, Fuchs WA (1980) Computertomographische Nebennierendiagnostik. ROEFO 132/1: 31–36
5. Hübener KH, Grehn S, Schulze K (1980) Indikationen zur computertomographischen Nebennierenuntersuchung – Leistungsfähigkeit, Stellenwert und Differentialdiagnostik. ROEFO 132: 37–44
6. Koischwitz D, Lackner K, Vetter H (1981) Sonographie und Computertomographie – Vergleichsstudie beim Nachweis von Nebennierentumoren. In: Ultraschalldiagnostik in der Medizin. Rettenmaier G, Loch EG, Hansmann M, Trier HG (Hrsg) Thieme, Stuttgart New York, S 40–41
7. Pickering RS, Hartmann GW, Weeks RE, Sheps SG, Hattery RR (1975) Excretory urographic localization of adrenal cortical tumors and pheochromcytomas. Radiology 114: 345–349
8. Sample WF (1977) A new technique for the evalution of the adrenal gland with grey scale ultrasonography. Radiology 124: 463–469
9. Sampel WF, Sarti DA (1978) Computer tomography and grey scale ultrasonography of the adrenal gland: A comparative study. Radiology 128: 377
10. Tragl KH, Angelberger P, Pils P, Wiesinger F, Kletter K (1977) Verbesserte Nebennierenszintigraphie mit 6β-^{131}J-Jodmethyl-Cholesterin. ROEFO 127: 365–369

8 Retroperitonealraum

8.1 Indikationen zur Ultraschalluntersuchung

- Verdacht auf Lymphome bei Systemerkrankungen und malignen Tumoren (Staging)
- Verlaufskontrolle bei Tumoren
- Verdacht auf Aortenaneurysma
- Verlaufskontrolle nach gefäßchirurgischen Operationen (Aneurysma)
- Verdacht auf Abszeß
- Trauma

8.2 Anatomie

Der Retroperitonealraum wird von dorsalem Peritoneum und Fascia transversalis begrenzt. Er reicht kranial vom Diaphragma bis kaudal zur Peritonealumschlagsfalte im kleinen Becken.

Prävertebral medial befinden sich die Gefäße Aorta und V. cava inferior, die Leitschienen der sonographischen Diagnostik des Retroperitoneums sind. Auch sind die A. mesenterica superior und der Truncus coeliacus sowie in vielen Fällen auch A. und V. renalis abgrenzbar. Lateral der Wirbelsäule ist beidseits der M. iliopsoas nachweisbar. Nicht vergrößerte retroperitoneale Lymphknoten sind sonographisch nicht zu erkennen.

8.3 Sekundäre retroperitoneale Tumoren (Lymphome)

8.3.1 Untersuchungstechnik

Die Untersuchung sollte in Rückenlage am nüchternen Patienten durchgeführt werden. Meteorismus kann mit einem Entblähungsmittel ('Paractol, X-Prep) verhindert werden.

Zunächst sollten die Leitschienen des Retroperitonealraumes, d.h. die Aorta abdominalis und die V. cava in Längsschnitten dargestellt werden. Der Abgang der A. mesenterica superior sowie der anderen Gefäße sind darzustellen. Auch der peritoneale Raum muß beachtet werden, da bei Vergrößerung der mesenterialen Lymphknoten die lufthaltigen Darmschlingen verlagert sind und einen vermehrten Abstand haben. Dann muß der Schallkopf nach rechts- und linkslateral verschoben werden zur Darstellung des Leber- und des Milzhilus.

Das kleine Becken sollte nur bei gefüllter Blase untersucht werden. Die Transversalschnitte sollen vom Xyphoid bis zur Symphyse durchgeführt werden.

Neben den großen Gefäßen (Aorta abdominalis, V. cava) muß auch der Nieren-, Leber- und Milzhilus demonstriert werden. Es ist immer eine komplette Untersuchung des Abdomens erforderlich, damit eine Organbeteiligung von Leber, Milz, Nieren und Magen-Darm-Trakt erkannt wird [2]. Auch ein Aszites sowie ein Pleura- oder Perikarderguß sollten ausgeschlossen werden.

8.3.2 Sonographische Befunde

Normale, nicht vergrößerte Lymphknoten sind sonographisch nicht erkennbar. Vergrößerte paraaortale Lymphknoten sind ab einer Größe von 1–1,5 cm erkennbar [2]. Iliakale und mesenteriale Lymphknoten sind erst ab 2–3 cm Durchmesser nachweisbar [3]. *Die Lymphknoten sind als Begleitstrukturen der vaskulären Leitschienen (Aorta abdominalis, V. cava) erkennbar. Sie sind als um das Gefäß gelegene, das Gefäß imprimierende oder verlagernde Läsion sichtbar und liegen um Aorta und V. cava (Abb. 8.1).* Lymphknotentumoren bei primär malignen Lymphomen zeigen eine echoarme Struktur, hierdurch sind sie leicht vom retroperitonealen Gewebe abgrenzbar [18]. Jedoch ist eine Zuordnung der Lymphomechostruktur zu den Lymphknotenerkrankungen (Befall bei lymphatischen Systemerkrankungen, Lymphknotenmetastasen) nicht möglich [2]. So

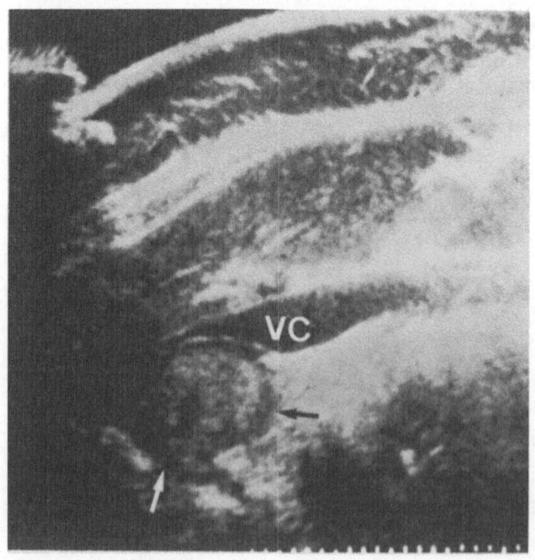

Abb. 8.1. Retrokavale Lymphome. Längsschnitt über der V. cava *(VC)* (Octoson). Im cranialen Anteil ist die V. cava nach ventral verlagert durch eine große echoreiche Läsion *(Pfeil)*, die vergrößerten Lymphknoten entspricht

sind echoarme Lymphknoten bei M. Hodgkin oder Non-Hodgkin-Lymphomen, aber auch bei Lymphknotenmetastasen von Weichteiltumoren zu beobachten. Unter Chemotherapie kommt es zu Einschmelzungen von Lymphomen.
Im Leberhilus sind Lymphome als echoarme Struktur periportal um den Gallengang und die A. hepatica erkennbar. Leberhiluslymphome können zu einer geringen Erweiterung des Ductus choledochus von über 5 mm führen [6]. In 50% der Fälle besteht bei Lymphomen im Leberhilus zusätzlich ein Leberbefall. Peripankreatische Lymphome sind von Pankreastumoren schwer zu unterscheiden. Jedoch zeigen peripankreatische Lymphome eine mehr polyzyklische Begrenzung. Lymphome am Milzhilus sind auch schwierig von einem Pankreasschwanztumor abzugrenzen.

Im Gegensatz zur Computertomographie sind retrokrurale Lymphome sonographisch nur bei sehr starker Vergrößerung erkennbar [2]. Es müssen außerdem Leber, Milz und Nieren sonographisch untersucht werden (s. o.), um einen Organbefall bei Systemerkrankungen auszuschließen.

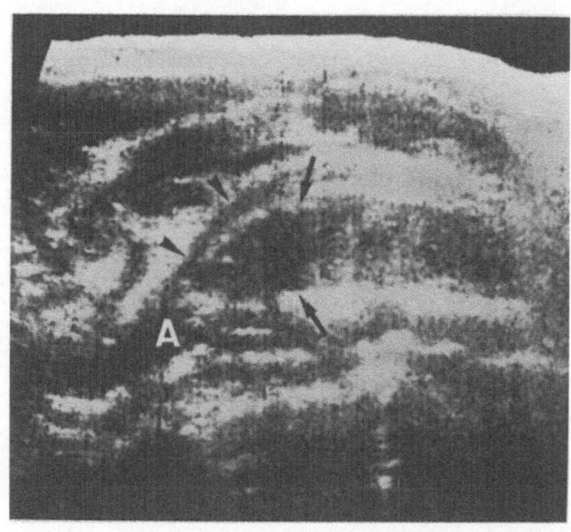

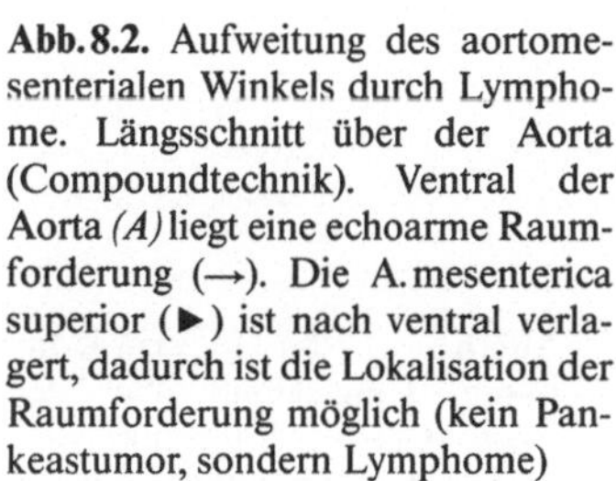
Abb. 8.2. Aufweitung des aortomesenterialen Winkels durch Lymphome. Längsschnitt über der Aorta (Compoundtechnik). Ventral der Aorta *(A)* liegt eine echoarme Raumforderung (→). Die A. mesenterica superior (▶) ist nach ventral verlagert, dadurch ist die Lokalisation der Raumforderung möglich (kein Pankeastumor, sondern Lymphome)

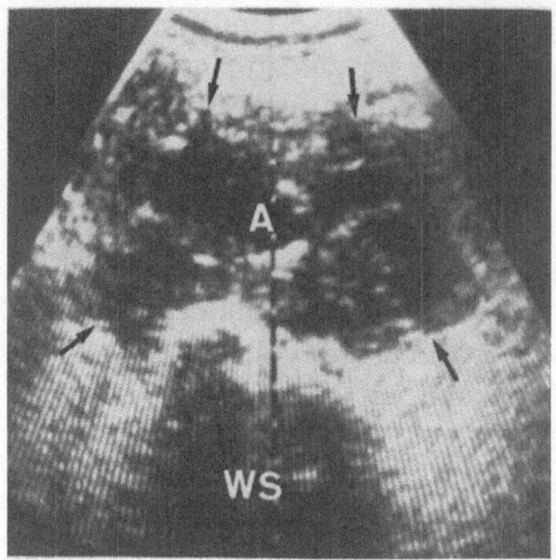

Abb. 8.3. Vergrößerte Distanz zwischen Wirbelsäule und Aorta durch retroperitoneale Lymphome. Transversalschnitt (Real-time). Die Aorta *(A)* ist von der Wirbelsäule *(WS)* durch Lymphome nach ventral verlagert, auch um die Aorta sind Lymphome zu sehen *(Pfeile)*

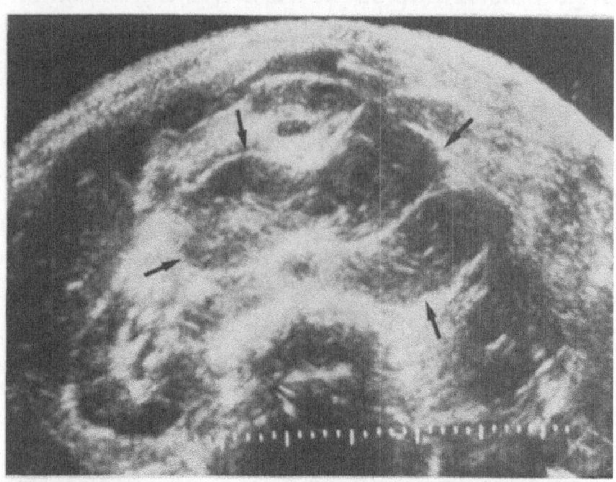

Abb. 8.4. Lymphome eines metastasierenden Hodentumors (Hantelzeichen). Transversalschnitt durch den Oberbauch (Octoson). Vorwiegend paraaortale und paracavale Lymphome *(Pfeile)*

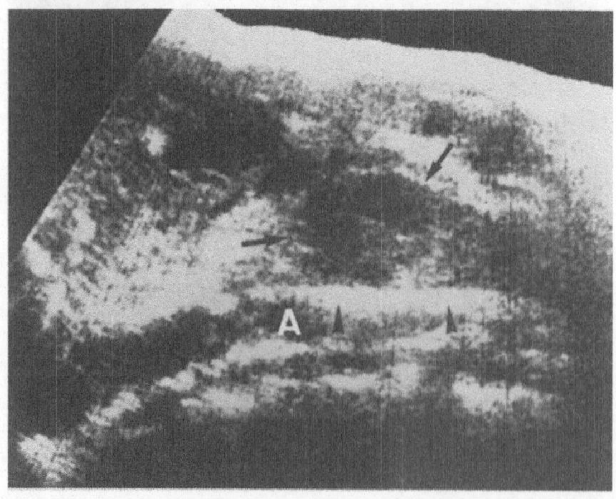

Abb. 8.5 Non-Hodgkin-Lymphom. Längsschnitt über der Aorta (Compoundtechnik). Präaortal ist eine echoarme Läsion *(Pfeil)* erkennbar (Lymphome). Die bei dem älteren Patienten schon verkalkte Aortenwand (▶) läßt sich von den Lymphomen gut abgrenzen (*A* Aorta)

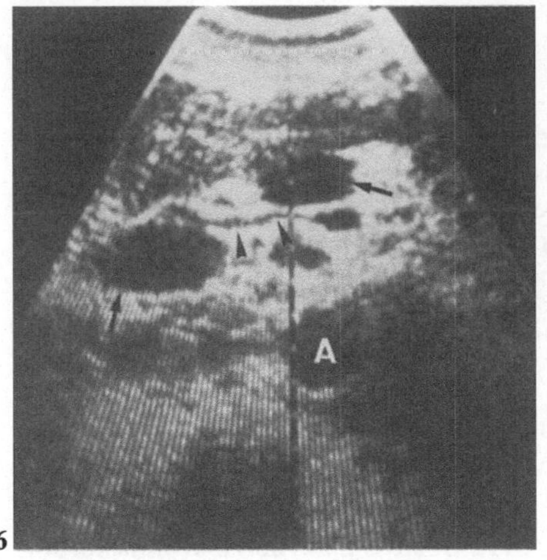

8.6

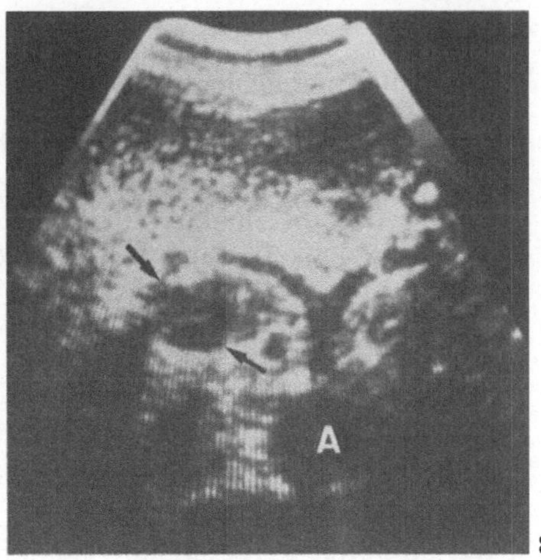

8.7

Abb. 8.6. Lymphome bei M. Hodgkin. Schrägschnitt durch den Oberbauch (Real-time). Noduläre echoarme Läsionen *(Pfeile)* um die V. mesenterica (▶) (Sandwichzeichen)

Abb. 8.7. Non-Hodgkin-Lymphom. Transversalschnitt (Real-time-Gerät). Von der Aorta *(A)* geht nach ventral der Truncus coeliacus ab. Um diesen Truncus liegen Lymphome wie „Äpfel am Stiel" („apple sign"; *Pfeile*)

Sonographische Kriterien von Lymphknotenvergrößerungen [2]

1. Aufweitung des aortomesenterialen Winkels (Abb. 8.2) (Winkel zwischen Aorta und A. mesenterica superior, der normalerweise 14° beträgt) [11, 16]
2. Vergrößerte Distanz zwischen Wirbelsäule und Aorta bzw. V. cava [20] (Abb. 8.3)
3. Raumforderung um Aorta bzw. V. cava [8] (sog. Hantelzeichen; [8] Abb. 8.4)
4. Vermehrter Abstand zwischen Aorta und V. cava sowie Aorta und A. mesenterica sup.
5. Sonographisches Silhouettenzeichen (bei Jugendlichen sind durch den geringen akustischen Impedanzunterschied Lymphome von den Gefäßen nicht mehr abzugrenzen) [9,16]. Bei älteren Patienten ist durch die Verkalkung der Aortenwand dieses Silhouettenzeichen nicht mehr erkennbar (Abb. 8.5)
6. „Sandwichzeichen", echoarme Läsionen, die mesenterialen Lymphknoten entsprechen, sind beidseits der V. mesenterior superior erkennbar [17] (Abb. 8.6)
7. „Applezeichen", Lymphome um den Truncus coeliacus sind als echoarme Strukturen erkennbar, die etwa 1–2 cm nach Abgang aus der Aorta um das Gefäß liegen [2] (Abb. 8.7)

8.3.3 Wertung und Integration

Trefferquoten und Fehlermöglichkeiten

Für die Sonographie wird eine Treffsicherheit (Zahl der richtigen positiven und richtigen negativen Befunde) von 80–90% angegeben [2, 3, 19]. Beyer et al. haben in ihrer Studie eine Sensitivität der Sonographie von 77,8%, eine Spezifität von 96% und eine Treffsicherheit von 87,7% erreicht [2].
Vorteil des Ultraschalls ist, daß auch Lymphknoten erkannt werden können, die lymphographisch nicht darstellbar sind (z.B. mesenteriale Lymphknoten).

Die Nachteile des Ultraschalls sind:

1. Es sind nur vergrößerte Lymphknoten erkennbar.
2. Eine Unterscheidung zwischen reaktiver Vergrößerung und metastatischem Befall ist nicht möglich.
3. Wie im übrigen Abdomenbereich führt Adipositas zu einer Defokussierung des Ultraschalls und somit zu einer erschwerten Darstellung der Lymphknoten.
4. Der retroperitoneale Raum ist von ventral durch den Darm begrenzt. Deshalb ist bei Meteorismus eine Darstellung des Retroperitonealraums von ventral nicht möglich.
5. Auch eine mangelnde Kooperation des Patienten führt zu einer schlechten oder ungenügenden Darstellung des Retroperitonealraumes.

Fehlermöglichkeiten (Pseudolymphome) der Sonographie bei der Lymphomdiagnostik [2]:

1. Flüssigkeitsgefüllte Darmschlingen, die vor den großen Gefäßen liegen, können als Lymphome fehlgedeutet werden. Die Peristaltik sowie die Beweglichkeit der Partikel im Darmlumen helfen bei der Unterscheidung.
2. Hämatome, Urinome, Abszesse und Lymphozelen sind z.T. nur durch die Anamnese untereinander zu differenzieren und von Lymphomen abzutrennen.
3. Retroperitoneale Tumoren sind von einseitigen, lokalisierten Lymphomen meist nicht zu differenzieren.
4. Aortenaneurysma. Differentialdiagnostisch hilft die verkalkte Aortenwand sowie die glatte Begrenzung des Aneurysmas und die Beteiligung der Bekkengefäße bei der Unterscheidung von Lymphomen.
5. Hufeisenniere. Die solide Läsion vor der Aorta zeigt eine Verbindung zu beiden Nieren. Außerdem ist die Fehlstellung beider Nieren erkennbar.
6. Retroperitoneale Fibrose. Die um die Gefäße liegende Raumforderung ist in vielen Fällen sonographisch nicht von Lymphomen zu trennen, da auch Lymphome zu einer beidseitigen Hydronephrose führen können.

Zur Darstellung der Lymphknoten stehen die Sonographie, die Computertomographie sowie die Lymphographie zur Verfügung. Die Lymphographie stellt die Lymphbahnen sowie die innere Struktur der Lymphknoten auch in normal großen Lymphknoten dar. Es können jedoch nur die pelvinen und retroperitonealen Lymphknoten gezeigt werden. Die Sonographie stellt dagegen eine wesentlich größere Anzahl von Lymphknoten dar. Es werden neben den pelvinen und retroperitonealen Lymphknoten auch mesenteriale sowie die Lymphknoten um Nieren-, Leber- und Milzhilus dargestellt. Die Sonographie hat insbesondere im Vergleich zur Computertomographie bei Kindern und schlanken Patienten gute Untersuchungsergebnisse. Im kleinen Becken, retrokrural sowie um die Nierenhili können jedoch kleine Lymphknoten übersehen werden. Die Computertomographie hat eine höhere Genauigkeit als die Sonographie, insbesondere zeigt sie gut die retrokruralen Lymphome sowie Lymphknoten im kleinen Becken. Die Überlagerung des Retroperitoneums durch Darmgas oder Fett beeinträchtigt die Computertomographie nicht.

Auch mit dem Galliumszintigramm können vergrößerte retroperitoneale Lymphknoten dargestellt werden.

Vergrößerte retroperitoneale Lymphknoten sind sonographisch nicht sicher von primären malignen Tumoren zu unterscheiden.

Diagnostisches Vorgehen (Abb. 8.8)

Als Erstuntersuchung sollte die Sonographie durchgeführt werden (Abb. 8.8). Bei normalem sonographischem Befund und Darstellbarkeit des Retroperitonealraums können um die großen Gefäße vergrößerte Lymphknoten ausgeschlossen werden. Im Bereich des Beckens sowie retrokrural und im Nierenhilus kann die Sonographie jedoch vergrößerte Lymphknoten unentdeckt lassen [2]. Bei fraglichem Befund sowie Diskrepanz zwischen sonographischem Befund und Klinik sollte die Computertomographie durchgeführt werden, die

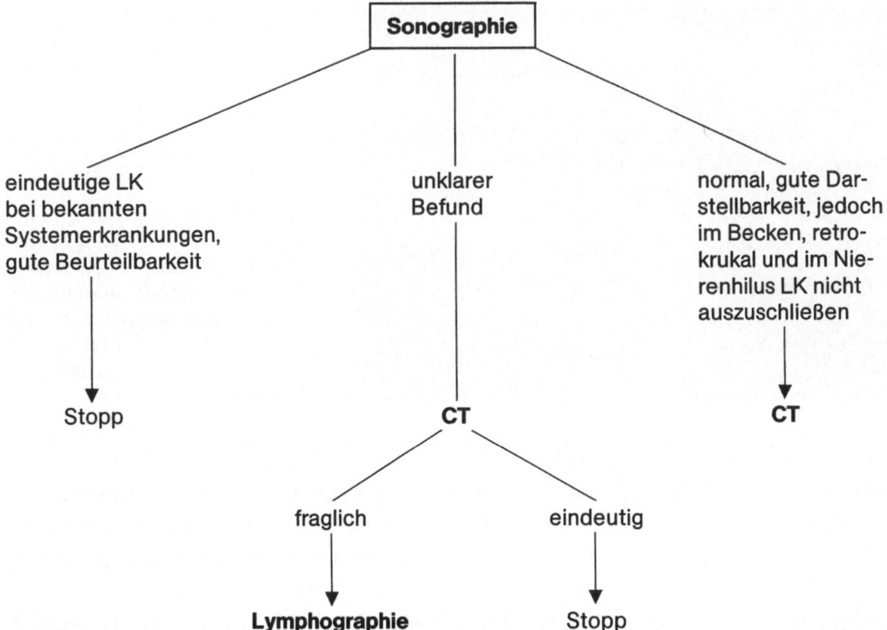

Abb. 8.8. Diagnostisches Vorgehen bei Verdacht auf Lymphome

durch das bessere Auflösungsvermögen (außer bei Kindern und mageren Patienten) eine höhere Trefferquote als die Sonographie hat. Mit Hilfe der Computertomographie können gleichzeitig das Mediastinum sowie ossäre Strukturen beurteilt werden. Bei sonographisch und computertomographisch unklaren Befunden sollte eine Lymphographie durchgeführt werden, da mit dieser Methode Speicherdefekte in normal großen Lymphknoten erkannt werden können. Eine weitere Indikation für die Lymphographie sind die Darstellung der Lymphbahnen (z. B. Chylothorax) sowie Strukturdifferenzierung und Beurteilung der inneren Struktur von Lymphknoten. Die Sonographie ist besonders zur Verlaufskontrolle unter Therapie bei bekanntem Lymphknotenbefall indiziert.

8.4 Primäre retroperitoneale Tumoren

Primäre retroperitoneale Neoplasien sind überwiegend maligne.

Sonographische Kriterien der retroperitonealen Tumoren [12] (Abb. 8.9)

1. Solide Struktur mit unterschiedlicher Echogenität (echoarm, echoreich, unregelmäßig, komplex und echodicht mit zentralem zystischen Bereich) (Abb. 8.9).
2. Sie sitzen breitbasig dem M. iliopsoas oder den dorsalen Weichteilstrukturen auf [21]

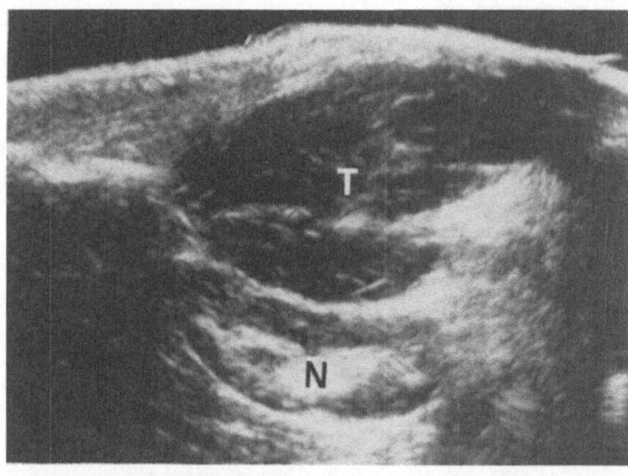

Abb. 8.9. Primäres retroperitoneales Sarkom. Längsschnitt durch die linke Nierenregion (Octoson). Solide Raumforderung *(T)* retroperitoneal, die die linke Niere *(N)* nach ventral verlagert. Die Läsion hat die Rükkenmuskulatur infiltriert

Differentialdiagnostisch sind Lymphome zu diskutieren, die jedoch vorwiegend prävertrebral in den Lymphknotenketten angesiedelt sind. Fibrosarkome sind überwiegend echoarm, Liposarkome jedoch echoreich. Leiomyosarkome haben eine echoarme Struktur und neigen zu großen Einschmelzungen, so daß ein zystisches Bild entstehen kann [5]. Neuroblastome im Kindesalter sind echoreich [12]. Die Tumoren wachsen expansiv und infiltrativ nach kranial, kaudal und bevorzugt nach ventral [10].

8.4.1 Retroperitoneale Hämatome, Urinome, Lymphozelen, Abszesse

Nach Trauma, unter Antikoagulanzientherapie, bei Hämophilie sowie bei rupturierten Aortenaneurysmen und bei postoperativen Komplikationen können retroperitoneale Hämatome auftreten.

Die traumatischen Hämatome sind besonders im M. iliopsoas gelegen. Die Hämatome zeigen sonomorphologisch eine unterschiedliche Echostruktur, die von ihrem Alter abhängt [10].

Frische Hämatome sind sonographisch echofrei oder zeigen eine echoarme Struktur (Abb. 8.10). Durch die zunehmende Organisation bei älteren Hämatomen ist eine Verkleinerung sowie eine Zunahme der Echostruktur erkennbar. In diesem Stadium ist die Differenzierung der Hämatome von Abszessen oder Tumoren sehr erschwert.

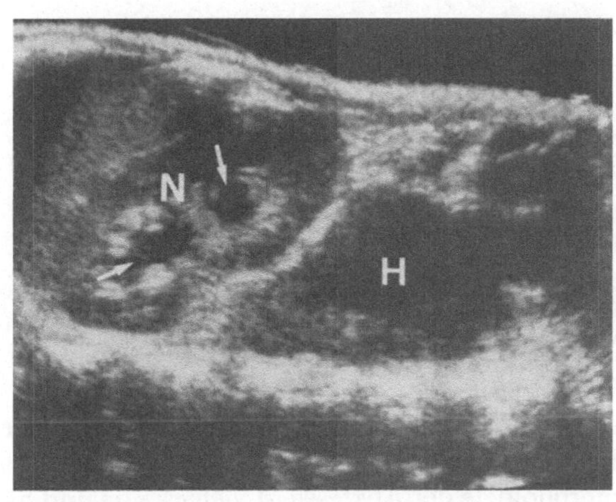

Abb. 8.10 Retroperitoneales Hämatom. Längsschnitt durch den rechten Mittel- und Oberbauch (Octoson). Unterhalb der rechten Niere *(N)* ist eine in den ventralen Anteilen echoarme, in den dorsalen Anteilen leicht echogene Raumforderung *(H)* zu sehen. Durch die Kompression des rechten Ureters ist ein leichter Harnaufstau *(Pfeile)* erkennbar

Bei einem Leck im harnableitenden System sammelt sich Urin im perirenalen Fettgewebe. Wenn die Niere weiterhin Harn absondert, entwickelt sich ein Urinom bei einem Abflußhindernis distal des Lecks sowie bei fehlender Entzündung (steriler Urin). Tritt eine Entzündung des ausgetretenen Urins auf, so entwickelt sich ein Abszeß.

Lymphozelen und Urinome (Abb. 8.11) treten meist als postoperative Komplikationen nach retroperitonealer Lymphadenektomie auf. Lymphozelen treten bevorzugt um die V. cava und lateral und ventral der Iliakalgefäße auf. Im akuten Stadium sind Lymphozelen echofrei.

Auch bei Urinomen ist sonographisch eine große echofreie Struktur erkennbar. Die Differenzierung zwischen Hämatom, Serom, Urinom, Lymphozele oder Abszeß ist sonomorphologisch, d.h. durch die Reflexstruktur, nicht möglich.

Die Entwicklung von Abszessen ist im Retroperitonealraum durch die Spaltbildungen begünstigt. Ätiologisch kommen postoperative Infektionen, Py-

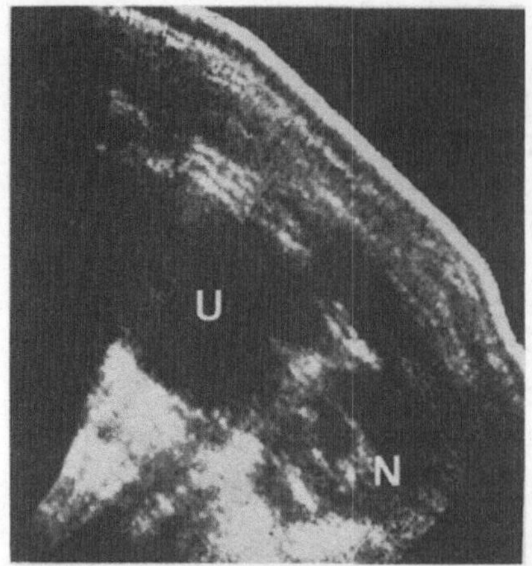

Abb. 8.11. Urinom der linken Niere. Transversalschnitt der linken Nierenregion (Compoundtechnik). Medial der linken Niere *(N)* kommt eine zystische Raumforderung *(U)* zur Darstellung, die einem Urinom entspricht. Sonographisch ist die Differenzierung Hämatom, Abszeß, Lymphozele oder Urinom häufig nicht möglich

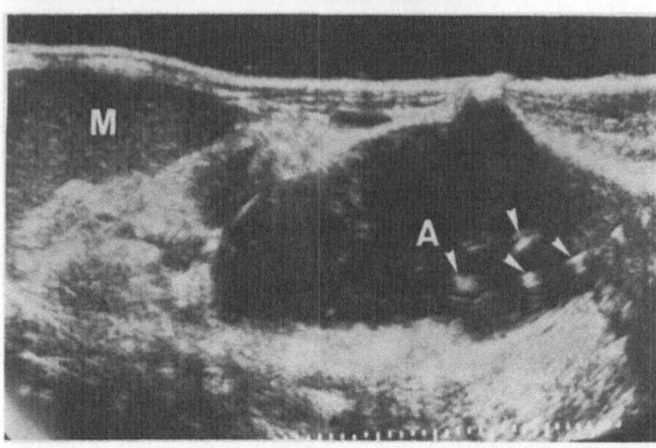

Abb. 8.12. Retroperitonealer Abszeß bei Spondylitis tuberculosa. Längsschnitt durch den linken Mittelbauch (Octoson). Zystische Raumforderung *(A)* im linken Mittelbauch mit einzelnen Echos. Leichte Splenomegalie *(M)*. Die Echos innerhalb des Abszesses *(Pfeile)* sind durch Zelldetritus sowie durch Luftblasen bedingt

elonephritis, entzündliche Wirbelsäulenprozesse, entzündliche Prozesse der Bauchspeicheldrüse sowie der Appendix und Traumen in Betracht. Die Sonomorphologie der Abszesse ist vielgestaltig und hängt vom Inhalt des Abszesses ab. Sie können echofrei oder auch gering bis stark echogebend sein (Abb. 8.12). Die echogebenden Strukturen entsprechen Zelldetritus, Eiweißpartikeln und Luftblasen. Bei stark gashaltigen Abszessen sind ein Schallschatten und Wiederholungsechos erkennbar. Besonders in diesen Fällen hat die Computertomographie eine höhere Genauigkeit bei der Erkennung von Abszessen [21]. Die Abszesse können sich intraperitoneal bis an die Bauchdecke ausdehnen. Sie können die retroperitonealen Strukturen (Ureter, Niere) verlagern.

8.4.2 Retroperitoneale Fibrose (Morbus Ormond)

Bei der retroperitonealen Fibrose können eine idiopathische und eine sekundäre Form unterschieden werden (Kollagenkrankheiten, Autoimmunprozesse, Medikamente, Trauma, Aneurysma, Strahlenschaden, Karzinom). Sonographisch ist eine prävertebrale echoarme Läsion erkennbar, die relativ glatt umrandet ist [14]. Außerdem ist beidseits eine Stauungsniere erkennbar. Es sind jedoch Lymphome nicht auszuschließen.

8.4.3 Wertung und Integration

Bei klinischem Verdacht auf eine Läsion im Retroperitoneum sollte die Sonographie als Erstuntersuchung durchgeführt werden, da sie neben Angaben über Größe und Ausdehnung auch die Verlagerung der retroperitonealen Strukturen und Organe demonstriert. Bei entzündlichen und traumatischen Läsionen sowie postoperativen Zuständen ist jedoch, falls vorhanden, die Computertomographie vorzuziehen, da hier die Darmluft sowie Drainagen und Verbände die Untersuchung nicht stören. Bei unklarem Fieber und nicht akutem Krankheitsverlauf kann auch eine Galliumszintigraphie als Erstuntersuchung empfohlen werden. Die Differenzierung retroperitonealer pathologischer Strukturen (z. B. nekrotisch zerfallener Tumor, Abszeß, Hämatom, Urinom, Lymphozele) ist sonographisch nicht möglich. Es sollte dann als nächste Untersuchung die Computertomographie mit Angio-CT durchgeführt werden. Bei dann noch unklaren Befunden kann eine ultraschallgezielte Feinnadelpunktion mit histologischer und bakteriologischer Untersuchung und Ableitung des Inhalts angeschlossen werden. Die konventionellen Röntgenuntersuchungen, wie Ausscheidungsurogramm und Abdomenübersichtsaufnahme, ergeben nur indirekte Hinweise auf eine Raumforderung (besonders durch den Nachweis der Dislokation der Nieren und Ureteren). Die Angiographie ist bei retroperitonealen Tumoren nicht indiziert, da diese Tumoren nur eine geringe Vaskularisation haben.

8.5 Gefäßveränderungen

8.5.1 Untersuchungstechnik

Die Untersuchung wird in Rückenlage des Patienten durchgeführt. Insbesondere stellen Real-time-Geräte die vaskulären Strukturen gut dar, da sie als Echtzeituntersuchung (im Gegensatz zum Compoundverfahren) die Pulsation der Gefäße zeigen. Auch können durch kontinuierliches Verschieben des Applikators auf der Haut die großen Gefäße rasch erkannt werden. Respiratorische Kaliberschwankungen sind in ihrem dynamischen Ablauf beurteilbar. Bei Luftüberlagerung durch Darmschlingen kann in rechter oder linker Seitenlage die Darstellung der Gefäße versucht werden.

Die Untersuchung beginnt am besten mit Längsschnitten. Durch Verschieben des Schallkopfs sollte die Region rechts und links vom Nabel [10] kontinuierlich untersucht werden.

8.5.2 Normale Sonoanatomie

Die Aorta abdominalis stellt sich bei longitudinaler Schnittführung als ein länglicher Schlauch dar, der von kranial/dorsal nach kaudal/ventral zieht. Der Durchmesser beträgt 2 cm [10]. Ein Durchmesser über 3 cm ist pathologisch

[21]. Der Truncus coeliacus ist im Longitudinalschnitt als reflexfreie tubuläre Struktur erkennbar, die in einem Winkel von 30–40° aus der Aorta entspringt. Auch die Aufteilung in A. lienalis und A. hepatica communis ist sonographisch gut erkennbar. Die A. mesenterica superior entspringt kaudal hiervon in einem Winkel von ca. 14° aus der Aorta [11]. Die Nierenarterien lassen sich auf transversalen Schnitten abbilden.

Die Aorta abdominalis hat zur Lendenwirbelsäule einen Abstand von 0,5 cm [20] und kann bis zur Bifurkation abgebildet werden. Das Lumen der V. cava inferior ist kleiner als das der Aorta und beträgt etwa 1 cm in ventrodorsaler Ausdehnung [10]. Beim Valsalva-Preßversuch ist eine starke Verschmälerung des Gefäßes erkennbar. Kurz vor Durchtritt der V. cava durch das Diaphragma münden 3 große intrahepatische Lebervenen in die V. cava inferior.

8.5.3 Arteriosklerose und degenerative Veränderungen der Aorta abdominalis

Durch arteriosklerotische Wandverkalkungen wird die Begrenzung der Aorta abdominalis unregelmäßiger und verstärkt. Wandverkalkungen sind als starke Reflexe mit Schallschatten erkennbar. Elongationen sowie Ektasien sind gut zu demonstrieren. Eine Verlagerung der Aorta abdominalis ist jedoch auch bei starker Skoliose der Wirbelsäule und intraabdominalen Raumforderungen (Tumoren, Lymphknotenvergrößerungen) nachweisbar.

8.5.4 Aneurysma der Aorta abdominalis

Ein Aneurysma der Aorta abdominalis wird diagnostiziert, wenn das Gefäßlumen einen Durchmesser von mehr als 3,5 cm aufweist (Abb. 8.13–8.16). Es kann nicht nur die aneurysmatische Ausweitung des Gefäßes, sondern auch der Blutaustritt in das Abdomen beurteilt werden.

Sonographisches Kriterium eines Aortenaneurysmas (Abb. 8.13–8.16)

Umschriebene Erweiterung des Gefäßlumens mit einem Durchmesser > 3,5 cm

Folgende Fragen sind für den Kliniker wichtig [10]:

1. Größe des durchströmten Lumens im partiell thrombosierten Aneurysma (Abb. 8.14 und 8.15)
2. Nachweis einer Dissektion (Abb. 8.15)
3. Nachweis einer Ruptur
4. Beziehung des Aneurysmas zu anderen Gefäßen, insbesondere zu den Nierenarterien

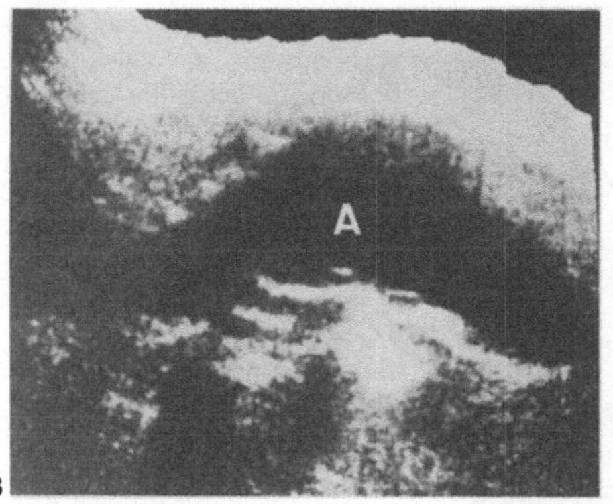

8.13

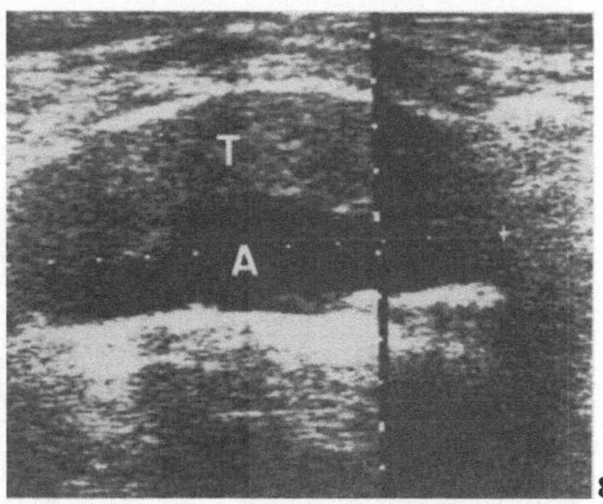

8.14

Abb. 8.13 Nichtthrombosiertes Aortenaneurysma. Längsschnitt über der Aorta (Compoundtechnik). Im oberen Anteil normale Aorta, im mittleren Anteil deutliche Erweiterung des Aortenlumens *(A)*

Abb. 8.14. Aortenaneurysma mit Appositionsthrombus. Längsschnitt über der Aorta (Real-time). Randständiger, in das Aortenlumen *(A)* von ventral ragender Thrombus *(T)*

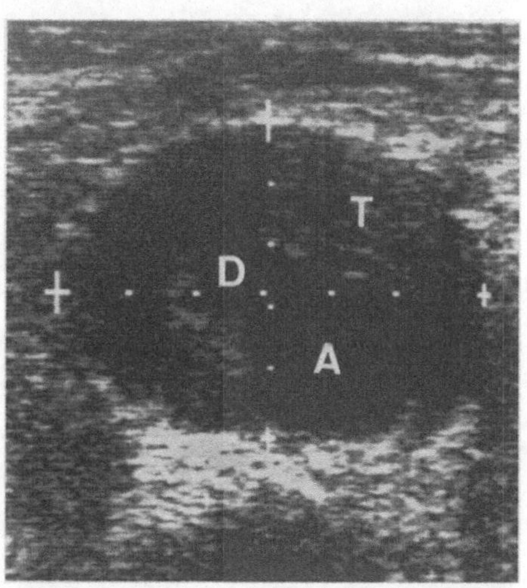

Abb. 8.15. Dissezierendes Aneurysma der Aorta abdominalis. Transversalschnitt (Real-time-Gerät). Darstellung der Einmündung des Dissektionsspaltes *(D)* in das durchströmte Lumen der Aorta *(A)* und des thrombosierten Anteils des Aneurysmas *(T)*

Der thrombosierte Anteil des Aneurysmas ist sonographisch durch die geringe Echogenität gut erkennbar [10] (Abb. 8.14–8.15). Der sonographisch ermittelte innere Durchmesser von Aneurysmen stimmt gut mit den angiographisch gewonnenen Werten überein [10] (Abb. 8.16).

Das Aneurysma dissecans stellt sich als doppelläufige Struktur mit zwei voneinander getrennten zystischen Bereichen dar (Abb. 8.15). Die retroperitoneale Blutung als Folge der Aortenruptur ist als zystische, unregelmäßig konturierte Raumforderung erkennbar. Die Beziehung des Aneurysmas zu anderen Gefäßen, besonders zu den Nierenarterien, ist sonographisch nicht in allen Fällen sicher zu klären. Hierzu ist eine Computertomographie mit Kontrastmittel oder eine angiographische Untersuchung erforderlich.

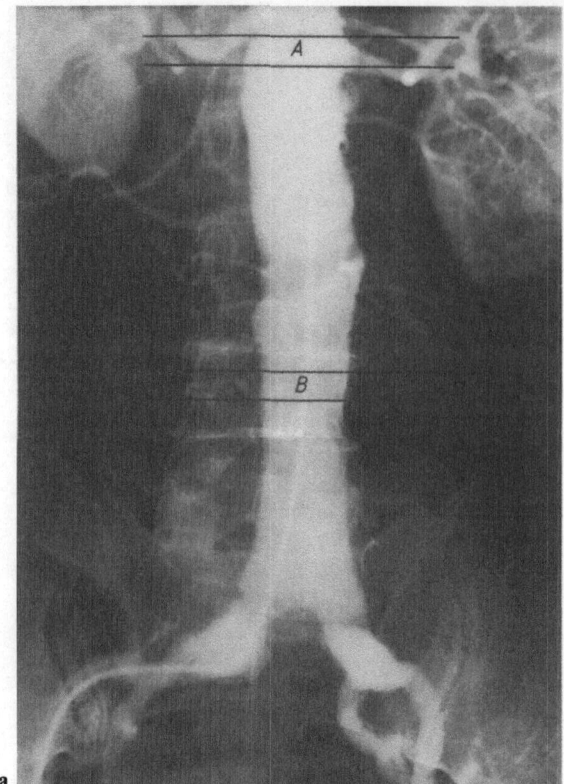

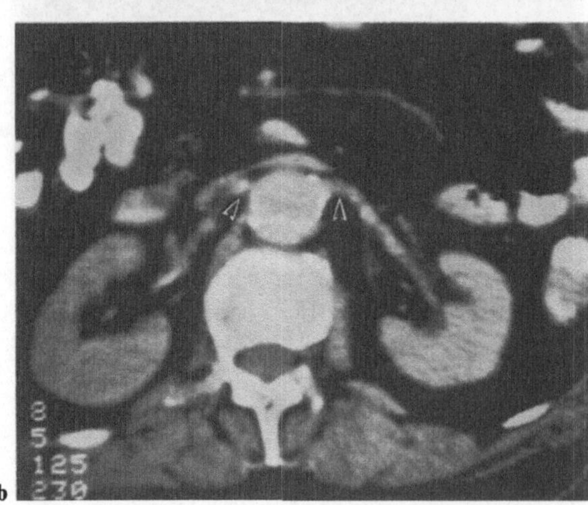

Abb. 8.16 a–c. Infrarenales Aortenaneurysma. **a** Angiographie. Befund wie bei teilthrombosiertem Aneurysma der Aorta abdominalis. *A* CT-Schichtebene in Höhe des Abganges der Nieren*arterien* (s. **b**). *B* CT-Schichtebene im Bereich des Aneurysmas (s. **c**).
b Computertomographie (Schichtebene A). Normalweite Aorta, regelrechte Nierenarterien beidseits *(Pfeile)*.

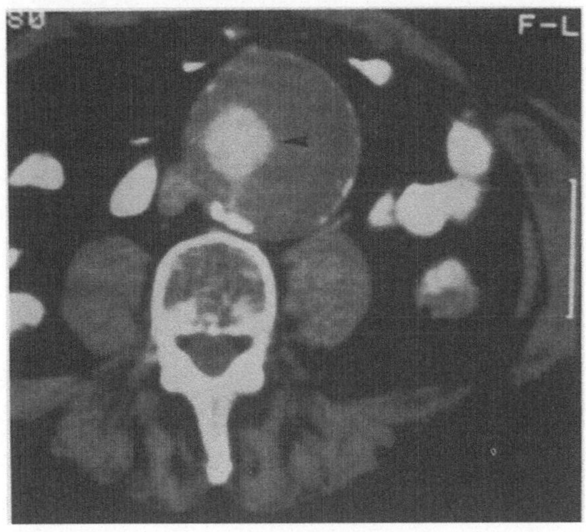

Abb. 16c. Computertomographie (Schichtebene B) nach Kontrastmittelgabe. Thrombosiertes Aneurysma, das durchströmte Lumen des Aneurysmas ist erkennbar *(Pfeil)*. Verkalkung der Aortenwand

8.5.5 Aortenprothese

Durch die echodichte Struktur des synthetischen Aortenprothesematerials sind diese sonographisch gut beurteilbar. Postoperativ können so Durchgängigkeit der Prothese, Komplikationen (retroperitoneale Blutung) und Aneurysmarezidive erkannt werden [10].

8.5.6 Vena cava inferior

Die V. cava inferior zeigt respiratorisch deutliche Schwankungen des Gefäßlumens. Bei Rechtsherzinsuffizienz ist eine Erweiterung der V. cava inferior erkennbar (s. Abb. 3.3). Das Querschnittslumen des Gefäßes ist dann abgerundet, und der Durchmesser beträgt 2–4 cm [10]. Die V. cava inferior kann durch retroperitoneale Tumoren oder vergrößerte parakavale Lymphknoten verlagert werden. Retroperitoneale Raumforderungen führen auch zu einer Kompression der dünnwandigen V. cava inferior. Auch Pankreaskopfvergrößerungen (akute Pankreatitis, Pankreaskopfzyste, Pankreaskopfkarzinom) oder peripankreatische Lymphknotenmetastasen führen zu einer Impression der V. cava inferior. Die Tumorinfiltration der V. cava inferior kann vermutet werden, wenn Defekte oder Strukturunregelmäßigkeiten an der an den Tumor angrenzenden Venenwand erkennbar sind. Diese Tumorinfiltration ist jedoch sicher nur durch eine CT mit Kontrastmittel oder Angiographie erkennbar.

Eine *Cavathrombose* ist als solide Läsion im Gefäßlumen erkennbar (Abb. 8.17). Bei Nierenkarzinomen kann der Tumorthrombus von der Nierenvene bis in die V. cava inferior vorwachsen. Auch dies ist sonographisch nicht immer darzustellen und sollte durch eine Angio-CT abgeklärt werden.

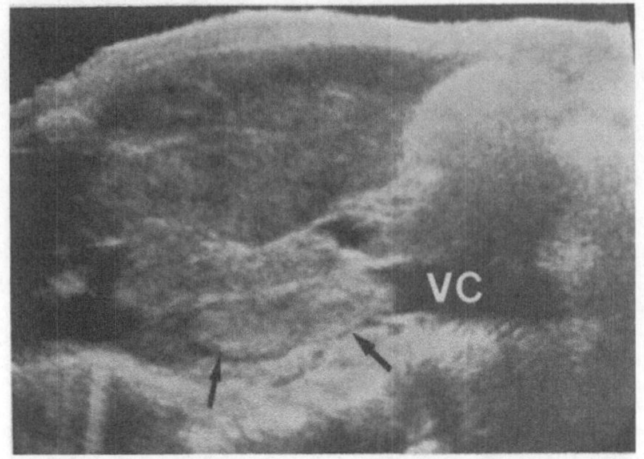

Abb. 8.17. Thrombose der V. cava bei Leberzellkarzinom. Längsschnitt durch die Leber in Höhe der V. cava inferior *(VC)* (Octoson). Die Thrombose der V. cava stellt sich als echodichte Struktur *(Pfeile)* dar, außerdem großer echoarmer Tumor in der Leber

8.5.7 Wertung und Integration

Die Treffsicherheit der Sonographie beim Nachweis bzw. Ausschluß eines Aneurysmas der Aorta abdominalis wird mit 90–98% angegeben [10, 21]. Sie sollte deshalb als nichtinvasives, schnelles Untersuchungsverfahren zuerst vor allen weiteren invasiven Methoden angewandt werden (Abb. 8.18). Die klinische Untersuchung mit Palpation und Auskultation ist bei verstärkter Lendenlordose, schlanken Patienten sowie bei elongierter und geschwungen verlaufender Aorta erschwert. Die Sonographie kann auch die Größe des Aneurysmas bestimmen. Die Größenbestimmung ist für das weitere Vorgehen bedeutsam, da eine Zunahme der Größe für das Risiko einer Gefäßruptur spricht. Differentialdiagnostisch müssen andere zystische Raumforderungen, wie Pseudozysten, Lymphome, retroperitoneale Blutungen, sowie primär retroperitoneale Tumoren

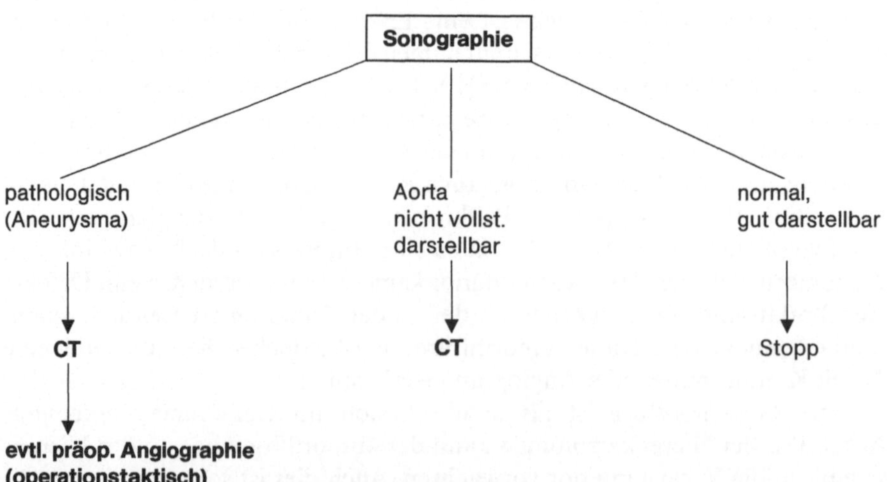

Abb. 8.18. Diagnostisches Vorgehen bei Verdacht auf Aneurysma

ausgeschlossen werden. In den meisten Fällen ist jedoch durch die längliche Struktur des Aneurysmas eine Differenzierung möglich. Beim Nachweis eines Aneurysmas ist präoperativ eine Computertomographie mit Kontrastmittel erforderlich, um die topographische Beziehung des Aneurysmas zu den anderen Gefäßen, insbesondere zu den Nierenarterien zu klären. Die Angiographie ist nur noch aus operationstaktischen Gründen erforderlich (wenn der Operateur es wünscht), da die CT auch die Gefäßbeziehung des Aneurysmas gut aufzeigt [4]. Bei fehlender Darstellbarkeit der Aorta (Adipositas, Meteorismus) sollte als nächste Untersuchung die Computertomographie angewandt werden.

Literatur

1. Asher WM, Fraimanis AK (1969) Echographic diagnosis of retroperitoneal lymph node enlargement. Am J Roentgenol 105: 438
2. Beyer D, Peters PE, Friedmann G (1982) Leistungsbreite der Real-time Sonographie bei Lymphknotenerkrankungen. Roentgenpraxis 35: 393–402
3. Brascho DJ, Durant JR, Green LE (1977) The accuracy of retroperitoneal ultrasonography in Hodgkin's disease and Non-Hodgkin's lymphoma. Radiology 125: 485
4. Brecht G (1981) Gefäße. In: Friedmann G, Bücheler E, Thurn P (Hrsg) Ganzkörpercomputertomographie. Thieme, Stuttgart New York, S 332–342
5. Bree RL, Green B (1978) The gray scale sonographic appearance on intra-abdominal mesenchymal sarcomas. Radiology 128: 193
6. Carroll BA, Ta HN (1980) The ultrasonic appearance of extranodal abdominal lymphoma. Radiology 136: 419
7. Filly RA, Goldberg BB (1977) Abdominal vessels. In: Goldberg BB (ed) Adominal grey scale ultrasonography. Wiley, New York, pp 63–101
8. Filly RA, Marglin S, Castellino RA (1976) The ultrasonographic spectrum of abdominal and pelvic Hodgkin's disease and Non-Hodgkin's lymphoma. Cancer 38: 2143–2148
9. Freimanis AK (1979) Echography and other diagnostic methods in retroperitoneal node enlargement and other masses. In: Sodee BD (ed) Correlations in diagnostic imaging. Appleton-Century-Crofts, New York, pp 145–152
10. Frommhold H, Koischwitz D (1982) Sonographie des Abdomens. Thieme, Stuttgart New York S 77–90
11. Goldberg BB, Perlmutter G (1977) Ultrasonic evaluation of the mesenteric artery. J Clin Ultrasound 5: 185
12. Heckemann R (1983) Sonographische Tumordiagnostik im Retroperitoneum. Therapiewoche 33: 123–137
13. Hillman BJ, Haber K (1980) Echographic characteristics of malignant lymph nodes. J Clin Ultrasound 8: 213
14. Jacobson JB, Redman HC (1974) Ultrasound findings in a case of retroperitoneal fibrosis. Radiology 113: 423
15. Laing FC, Jacobs RP (1977) Value of ultrasonography in the detection of retroperitoneal inflammatory masses. Radiology 123: 169
16. Leopold GR (1978) Ultrasonic evaluation of retroperitoneal lymphadenopathy. In: Korobkin M (ed) Comp. tomography, ultrasound and X-ray: an integrated approach. Postgraduate Course, San Francisco, California, pp 449–455
17. Müller PR, Ferucci JT jun, Harbin WP, Kirkpatrick RH, Simeone JF, Wittenberg J (1980) Appearance of lymphomatous involvement of the mesentery by ultrasonography and body computed tomography: the „sandwich sign". Radiology 134: 467

18. Pirschel J, Rücker HC (1981) Die Ultraschalldiagnostik des retroperitonealen Lymphsystems. In: Frommhold W, Gerhardt P (Hrsg) Erkrankung des Lymphsystems. Klinisch-radiologisches Seminar, Bd 11. Thieme, Stuttgart, S 74–85
19. Rochester D, Bowie JD, Kunzmann A, Lester E (1977) Ultrasound in the staging of lymphoma. Radiology 124: 483
20. Spirt BA, Skolnick ML, Carsky EW, Ticen K (1974) Anterior displacement of the abdominal aorta: a radiographic and sonographic study. Radiology 111: 399–403
21. Triller J, Fuchs WA (1980) Abdominale Sonographie. Thieme, Stuttgart New York S 134–158
22. Wheeler WE, Beachley MC, Ranniger K (1976) Angiography and ultrasonography: a comparative study of abdominal aortic aneurysms. Amer J Roentgenol 126: 95–100

9 Niere

9.1 Indikationen zur Ultraschalluntersuchung

- Erkennung und Differenzierung von raumfordernden Nierenprozessen
- Abklärung stummer Nieren
- Harnaufstau
- Abklärung von Füllungsdefekten im Nierenbecken
- Unklare Niereninsuffizienz
- Akute infektiöse Nierenerkrankungen
- Schwangere und allergische Patienten
- Punktionen und perkutane Nephrostomie
- Größenbestimmung der Niere

9.2 Untersuchungstechnik

Die rechte Niere wird in Rückenlage durch die Leber hindurch dargestellt. Die linke Niere kann in Seitenlage sowie in Bauchlage untersucht werden. Eine vollständige Darstellung der Niere schließt longitudinale und transversale Schnitte in ca. 0,5 cm Abstand ein.

9.3 Normale Niere (Abb. 9.1)

Bei longitudinaler Schnittführung hat die normale Niere eine länglich-ovale Form. Das Nierenbecken sowie die zentralen Gefäße erzeugen das gleichmäßige, ebenfalls ovale zentrale Echo. In transversaler Schnittführung zeigt die Niere eine mehr runde Form, in deren Mitte die zentralen Echos zirkulär angeordnet sind.

Die Nieren haben eine Länge von 11–12 cm. Das Parenchym ist 1,5 cm breit. Die Breite des Nierenparenchyms kann auch durch den Parenchym-Pyelon-Index (bei gesunden Nieren: 1,6) bezeichnet werden, der das Verhältnis aus der Summe des ventralen und dorsalen Parenchymmanteldurchmessers zum sagittalen Durchmesser des Pyelons angibt.

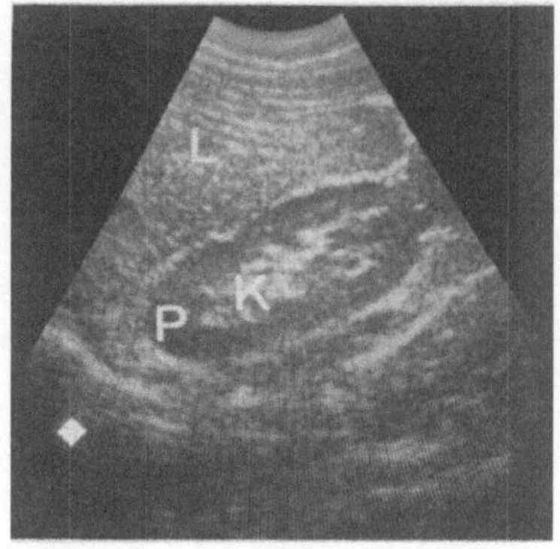

Abb. 9.1. Normale Niere. Longitudinale Schnittführung (Real-time-Gerät). Die Niere hat eine länglich-ovale Form. Das Nierenbecken sowie die zentralen Gefäße (Nierensinus) erzeugen die zentralen Kelchechos *(K)*. (*P* Nierenparenchym, *L* Leber)

9.4 Raumfordernde Prozesse

Es erscheint zweckmäßig, zwischen den Kriterien eines raumfordernden Nierenprozesses sowie Zeichen für eine Zyste und einen Tumor zu unterscheiden.

Kriterien für einen raumfordernden Nierenprozeß

1. Deformierung der typischen Nierenkontur (Abb. 9.2)
2. Verdrängung und Amputation von Kelchechos (Abb. 9.2)
3. Veränderte Echostruktur des Nierenparenchyms

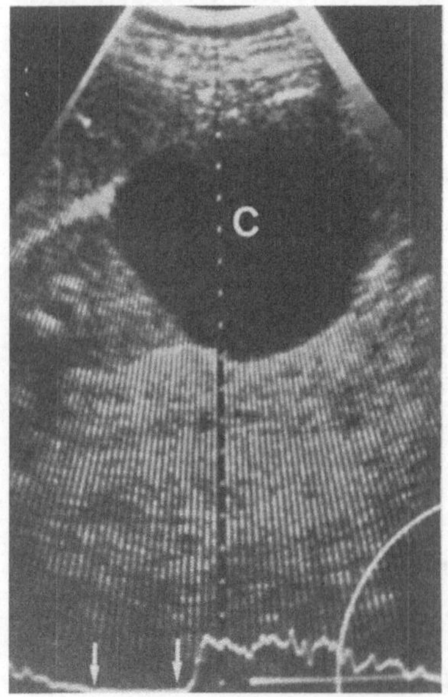

Abb. 9.2. Zyste am unteren Nierenpol. Longitudinale Schittführung (Real-time-Gerät). Echofreier Raum *(C)* (auch im A-Scan, s. *Pfeile*), der rund und scharf begrenzt ist mit deutlicher Schallverstärkung hinter der Raumforderung. Die Kelchechos sind amputiert, die Nierenkontur verändert

Zysten

Kriterien für eine Zyste (Abb. 9.2)

1. Echofreier Raum, auch bei großer Verstärkung
2. Scharf berandet
3. Gewöhnlich rund
4. Schallverstärkung durch die Zyste

Die Nachweisschwelle für Zysten ist abhängig von der Frequenz des Schallkopfs, die in der Regel zwischen 2 und 3 MHz liegt. Hierzu sind jedoch einige Einschränkungen zu beachten:

a) In Zysten können Wiederholungsechos als Artefakte auftreten (Abb. 9.2)
b) Vaskuläre Fehlbildungen (arteriovenöse Fisteln, Aneurysmen) sind schwer von Zysten zu unterscheiden. Eine Untersuchung mit der Doppler-Sonde kann die Unterscheidung erleichtern. Mit Real-time-Geräten kann manchmal die Pulsation von Aneurysmen beobachtet werden.
c) Nekrotische Tumoren und Lymphome können nur sehr geringe Echos enthalten und deshalb als Zysten fehlgedeutet werden.
d) Infizierte und hämorrhagische Zysten können Echos hervorrufen, wenn Zelldetritus und Blutkoagula in der Raumforderung vorhanden sind.
e) Die Ultraschalluntersuchung kann eine maligne entartete Zyste nicht ausschließen. Deshalb sollte zur weiteren Abklärung bei unklaren Befunden eine Punktion der Zyste oder eine Computertomographie erfolgen [20, 21].

Polyzystische Degeneration (Zystenniere) [32]

Es werden zwei Formen der Zystennieren unterschieden: Bei der kindlichen Form werden beide Nieren und die Leber befallen, die Erwachsenenform führt dagegen erst im 3. Lebensjahrzehnt zu Symptomen. Als Komplikationen treten Infektionen und Blutungen auf.

Sonographische Kriterien der Zystenniere (Abb. 9.3)

1. Vergrößerte Nieren
2. Multiple Vorwölbungen der Nierenkontur
3. Viele Läsionen mit den Kriterien der Zyste:
   - Echofrei, auch bei großer Verstärkung
   - Scharf umrandet
   - Gewöhnlich rund
   - Schallverstärkung durch die Zyste

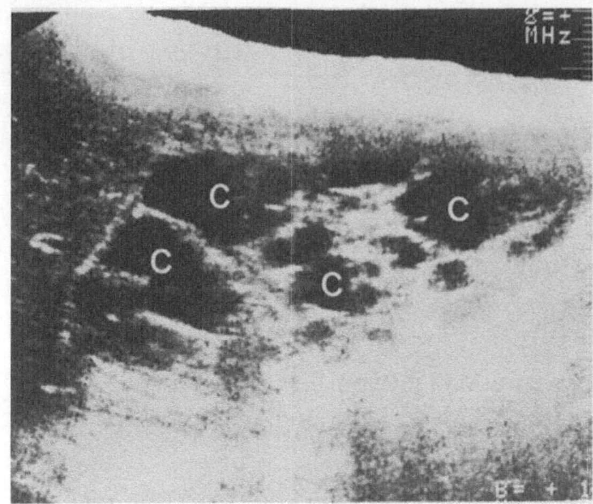

Abb. 9.3. Polyzystische Niere. Longitudinale Schnittführung (Compoundgerät). Multiple echofreie Areale *(C)*. Die Niere ist vergrößert. Die Kontur zeigt multiple Vorwölbungen. Die Läsionen zeigen die Merkmale einer Zyste

Echinokokkuszyste der Niere

In Ländern mit endemischer Echinokokkose kann auch ein Echinokokkusbefall der Niere beobachtet werden. Die Echinokokkuszysten zeigen die Kriterien der Echinokokkose (s. 3.6).

Tumoren

Kriterien für einen Tumor (Abb. 9.4–9.6)

1. Echos in der Raumforderung
2. Unregelmäßige Außenkonturen
3. Keine Schallverstärkung hinter dem Tumor
4. Veränderte Echostruktur des Parenchyms

Tumoren können erst durch Konturveränderungen oder eine veränderte Echostruktur des Parenchyms erkannt werden.

Nierentumoren wachsen in die Nierenvene und die V. cava inferior. Es ist deshalb erforderlich, beim Nachweis eines Nierentumors sonographisch einen Tumorthrombus in der V. cava auszuschließen. Bei einer Tumorthrombose in der V. cava ist im Sonogramm ein Füllungsdefekt erkennbar. Bei Luftüberlagerung der V. cava muß eine Cavographie oder eine Computertomographie mit Kontrastmittelinjektion zum Ausschluß eines Tumorthrombus durchgeführt werden.

Die Treffsicherheit der Sonographie bei Raumforderungen der Niere liegt bei 90–95% [6, 11, 17, 19, 25, 26, 30].

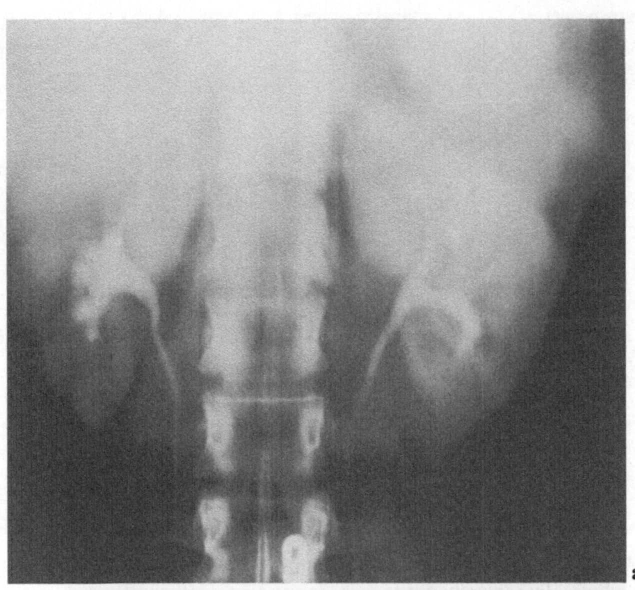

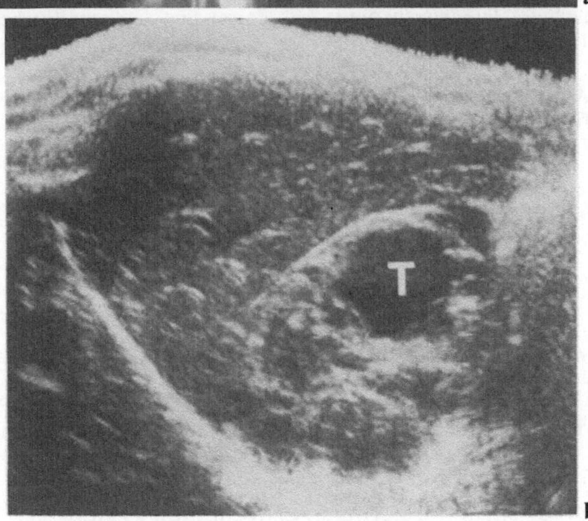

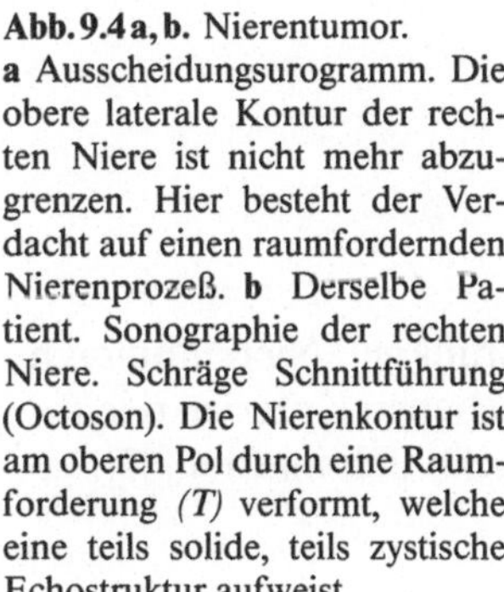

Abb. 9.4 a, b. Nierentumor. **a** Ausscheidungsurogramm. Die obere laterale Kontur der rechten Niere ist nicht mehr abzugrenzen. Hier besteht der Verdacht auf einen raumfordernden Nierenprozeß. **b** Derselbe Patient. Sonographie der rechten Niere. Schräge Schnittführung (Octoson). Die Nierenkontur ist am oberen Pol durch eine Raumforderung *(T)* verformt, welche eine teils solide, teils zystische Echostruktur aufweist

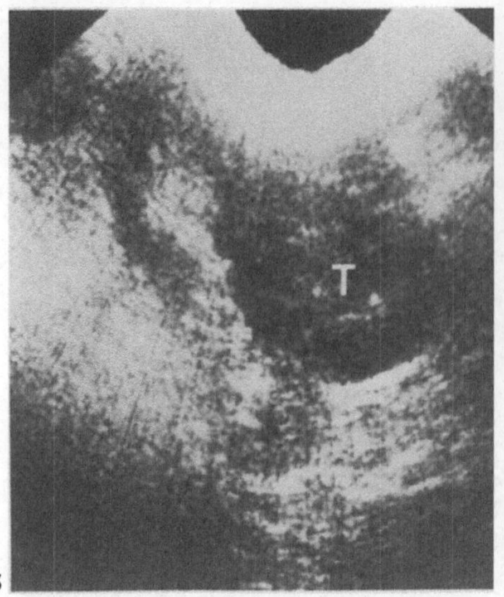

9.5

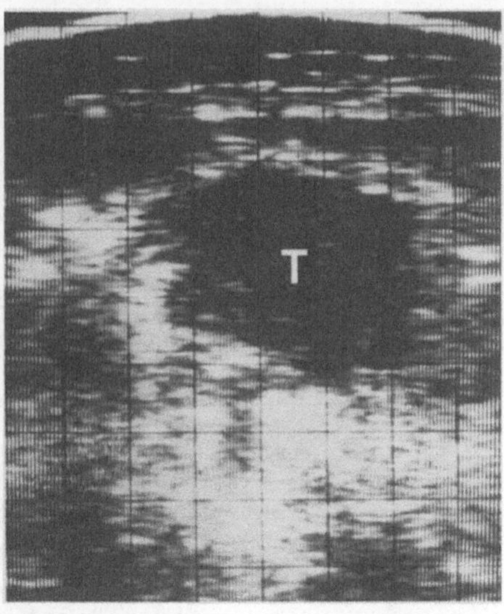

9.6

Abb. 9.5. Hypernephrom. Longitudinale Schnittführung der linken Niere von dorsal (Compoundtechnik). Die Nierenkontur zeigt dorsal eine deutliche Buckelung, die Kelchechos sind verlagert. Die solide Raumforderung *(T)* zeigt echodichtere Zonen und ist in der Peripherie echoarm

Abb. 9.6. Nekrotisches Hypernephrom am unteren Pol der rechten Niere. Longitudinale Schnittführung (Real-time-Technik). Echoarme unscharf begrenzte Läsion *(T)* am unteren Nierenpol mit Destruktion der Nierenkontur

Hypernephrome (Abb. 9.4–9.6) sind die häufigsten primären Nierentumoren (ca. 80% der Nierenmalignome). Sie zeigen die beschriebenen Kriterien der Tumoren [3] (s. oben). Weill unterscheidet 5 unterschiedliche Echomuster [32]:

1. echoarm,
2. echoarm mit geringen echodichten Zonen,
3. heterogenes Muster (echoarm und echoreich) (Abb. 9.5),
4. echoreich,
5. nekrotisch (Abb. 9.6).

Nierenbeckentumoren. Von der Gesamtheit der Nierentumoren entstehen 7–12% im Nierenbecken. Bei Nierenbeckenkarzinomen (Abb. 9.15) werden unterschieden: Urothelkarzinome (ca. 80%), Plattenepithelkarzinome (15–20%) und Adenokarzinome (sehr selten).

Wilms-Tumor (Abb. 9.7). In 5–10% der Fälle tritt er bilateral auf. Sonomorphologisch sind die häufig auftretenden Nekrosen und Blutungen im Tumor als zystische Bereiche erkennbar (Abb. 9.7) [15].

9.7 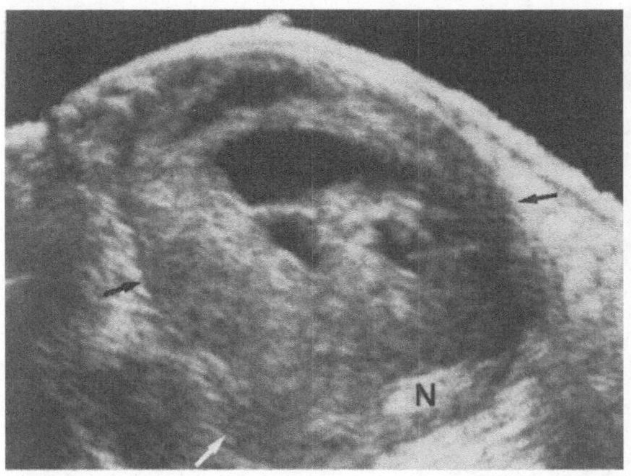

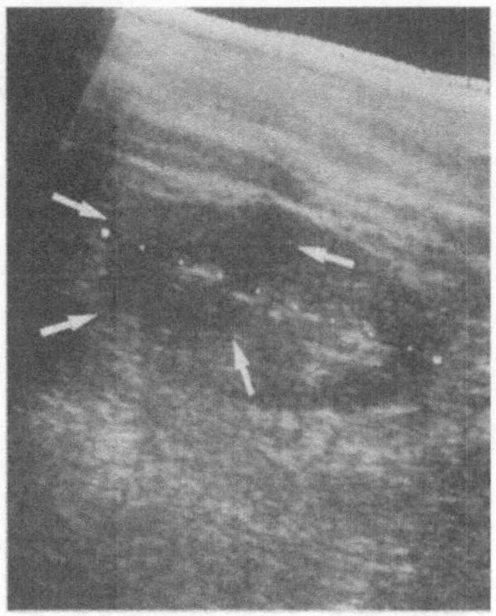 9.8

Abb. 9.7. Wilms-Tumor. Longitudinale Schnittführung (Octoson). Die deformierte linke Niere *(N)* ist verlagert. Es ist eine große echodichte Raumforderung *(Pfeile)* erkennbar, die zystische Areale (Nekrosen) aufweist

Abb. 9.8. Metastase am oberen Pol der linken Niere. Longitudinale Schittführung (Compoundtechnik). Am oberen Pol der linken Niere liegt eine echoarme Raumforderung *(Pfeile)*, die im Zentrum einen echodichten Bereich enthält

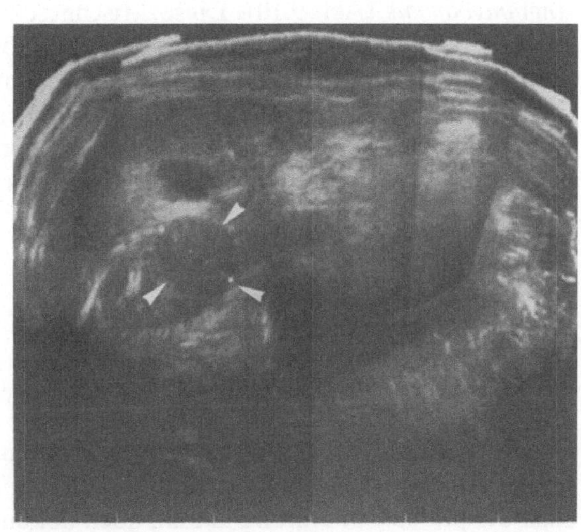

Abb. 9.9. Lymphome der Niere. Transversale Schnittführung durch die Nierenregion. Im medio-kranialen Anteil der rechten Niere liegt eine 5 cm große echoarme Raumforderung *(Pfeile)*. Die Differenzierung Tumor/Lymphom ist nicht möglich

Metastasen (Abb. 9.8). Sonographisch sind die Kriterien eines Tumors (s. oben) erkennbar. Die Echotextur ist unterschiedlich.

Lymphome (Abb. 9.9). Sonographisch ist eine echoarme Läsion mit den Zeichen eines raumfordernden Prozesses erkennbar [29]. Bei diffuser Infiltration ist eine Nierenvergrößerung mit Zerstörung der normalen Kontur zu sehen.

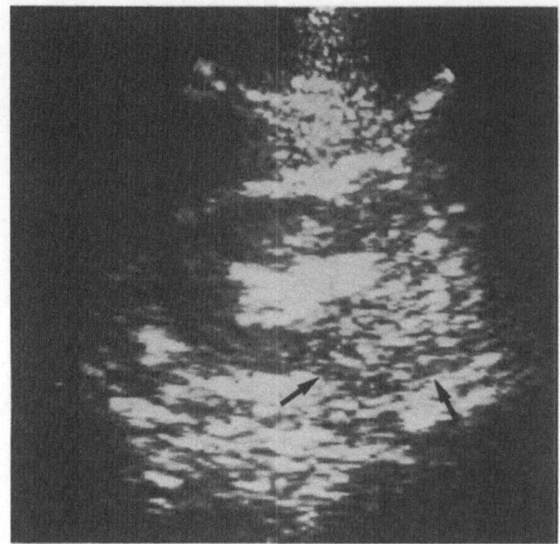

Abb. 9.10. Angiomyolipom der rechten Niere. Longitudinale Schnittführung (Compoundtechnik). Am unteren Pol der rechten Niere ist eine echodichte Raumforderung *(Pfeile)* mit Deformierung der Nierenkontur nachweisbar

Angiomyolipome (Abb. 9.10). Diese Mischgeschwülste, die neben Fettgewebe auch Blutgefäße, Muskelzellen und Bindegewebe enthalten, treten zu 50% zusammen mit der tuberösen Sklerose auf (M. Bourneville-Pringle). Der Tumor tritt häufig bilateral oder multifokal auf und neigt zu Blutungen. Im Sonogramm sind die Angiomyolipome meistens echoreich und homogen; es sind jedoch auch echoarme und gemischte Echotexturen beschrieben worden [32].

9.5 Urographisch stumme Niere

Bei der stummen Niere zeigt die Sonographie die morphologischen Auswirkungen auf die Niere. So ist bei Arteriosklerose oder Nierenarterienverschluß eine verkleinerte Niere als Hinweis auf vaskuläre Schrumpfniere sonographisch erkennbar. Die Ultraschalluntersuchung kann jedoch weder die Ursachen der prärenalen Störung klären, noch dokumentiert sie in allen Fällen den Grund des postrenalen Stopps. Hierzu sind weitere Untersuchungen erforderlich (digitale intravenöse Subtraktionsangiographie oder konventionelle Arteriographie der Nieren und retrograde Pyelographie oder antegrade Pyelographie nach perkutaner Punktion des Nierenbeckens). Eine Nierenvenenthrombose ist charakterisiert durch eine vergrößerte Niere mit verbreitertem Parenchym ohne Zerstörung der Nierenkontur. Die Ultraschalluntersuchung kann hier nicht die endgültige Diagnose stellen. Zur weiteren Untersuchung ist zunächst eine Computertomographie mit Kontrastmittel erforderlich.

Ist die Niere im Nierenlager nicht nachweisbar, so muß in Rückenlage die Beckenregion untersucht werden, um eine Beckenniere auszuschließen. Wenn eine Niere nicht nachweisbar ist, so ist eine Agenesie, hypoplastische Niere oder kleine Schrumpfniere zu erwägen.

Bei der sonographischen Abklärung von stummen Nieren werden folgende Trefferquoten angegeben: Marangola et al. [24]: 77%, Fiegler et al. [12]: 88%, Behan et al. [2] 92%.

9.6 Harnaufstau

Die Ultraschalluntersuchung zeigt die morphologischen Folgen des Harnaufstaus, die nuklearmedizinische Untersuchung mit DTPA demonstriert dagegen die Dynamik [16]. Im Gegensatz zur Röntgenuntersuchung ist die Ultraschalluntersuchung jedoch nicht an die noch erhaltene Nierenfunktion (Kontrastmittelausscheidung) gebunden. Der Harnaufstau führt durch die Erweiterung des Nierenbeckens zu einem zentralen, unterschiedlich großen echofreien Bereich. Je nach Schweregrad des Harnaufstaus kann es zu unterschiedlichen sonographischen Veränderungen kommen:

1. Bei geringem Harnaufstau: nur leichte Aufweitung des Nierenbeckens (Abb. 9.11)
2. Bei mittelgradigem Harnaufstau: deutliche Erweiterung der Nierenkelche und des Nierenbeckens (Abb. 9.12).
3. Bei schwerem Harnaufstau ist ein großer, flüssigkeitsgefüllter Hohlraum im Innern der Niere erkennbar mit deutlicher Verschmälerung des Nierenparenchyms (Abb. 9.13).

9.11
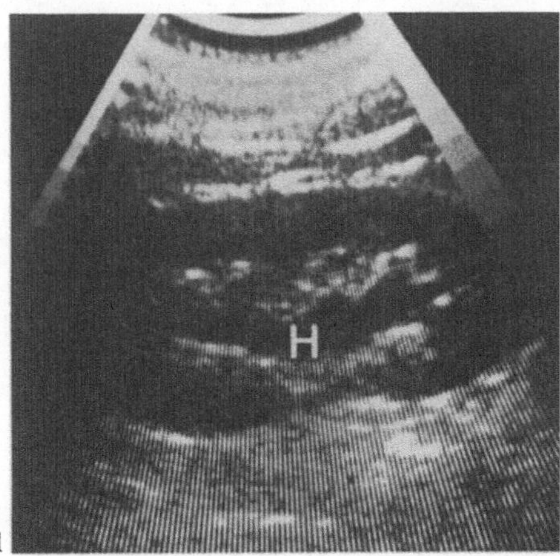

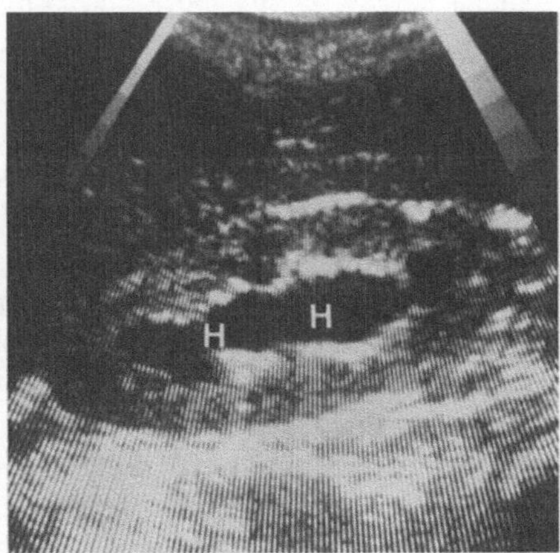

9.12

Abb. 9.11. Geringer Harnaufstau. Longitudinale Schnittführung durch die linke Niere (Real-time-Technik). Leichte Aufweitung der Kelche und des Nierenbeckens *(H)*

Abb. 9.12. Mittelgradige Hydronephrose (Real-time). Länglich-ovaler echofreier Raum *(H)* im Nierensinus. Das Nierenparenchym ist verschmälert

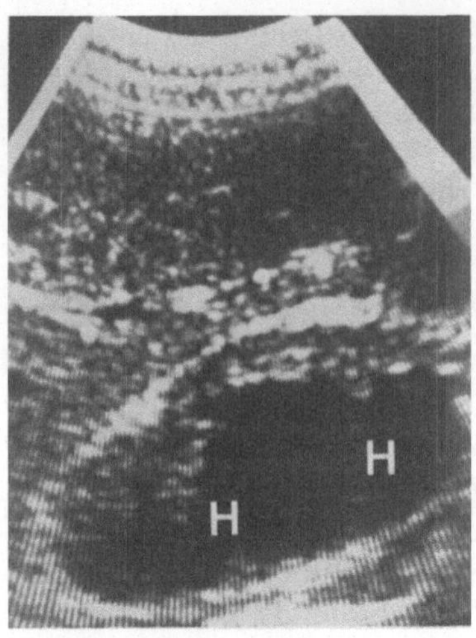

Abb. 9.13. Starke Hydronephrose. Longitudinale Schnittführung (Real-time-Technik). Großer echofreier Raum *(H)*, das Parenchym ist hochgradig verschmälert

Somit dokumentiert die Sonographie die unterschiedlichen Grade des Harnaufstaus [10]. Eine geringe Aufweitung des Nierenbeckens kann jedoch auch durch andere als mechanische Ursachen bedingt sein: Akute Diurese, akute Entzündung, Reflux, Megakalices, Diabetes insipidus, erweiterte Harnblase. Die Erweiterung einzelner Kelche kann durch einen Ureter duplex mit Ureterozele, Papillennekrosen, Nierenbeckentumor oder durch eine Nierentuberkulose bedingt sein. Differentialdiagnostisch ist bei einer Hydronephrose eine parapelvine Zyste zu diskutieren. Die Unterscheidung ist durch eine Untersuchung in verschiedenen Ebenen möglich. Die Hydronephrose zeigt eine Verbindung zwischen den einzelnen zystischen Räumen und ein erweitertes Nierenbecken. Auch die Differentialdiagnose Zystenniere/Hydronephrose ist erschwert. Hier hilft die mehr zentrale Lage der zystischen Hohlräume sowie das erweiterte extrarenal gelegene Nierenbecken bei Hydronephrose zur Unterscheidung. Eine nuklearmedizinische Untersuchung mit DTPA hilft bei unklaren Fällen weiter, denn hier wird der Aufstau klar demonstriert.

Die Lokalisation des erweiterten Nierenbeckens auf der Haut des Patienten zur Punktion bei einer Nephrostomie mit Fistelung des Nierenbeckens kann auch durch nuklearmedizinische Untersuchungen (Glucoheptonat, DTPA) sowie unter Röntgendurchleuchtung nach Kontrastmittelinjektion erfolgen.

Ellenbogen et al. haben eine Sensitivität der Sonographie von 98% bei der Erkennung des Harnaufstaus beschrieben [8]. Deshalb erscheint die Sonographie als Screeninguntersuchung bei der Frage nach Harnaufstau indiziert. Auch bei jungen Patienten, Niereninsuffizienz, Sepsis, postoperativer Oligurie und allergischen Patienten ist die Sonographie eine geeignete Methode, um einen Harnaufstau auszuschließen. Die Untersuchung mit DTPA zeigt gut die Ureteren und ist somit bei Verdacht auf Ureterstenose und Ureterverschluß bzw. Ureterstein indiziert, da der Ureterverlauf sonographisch häufig nicht darstellbar ist, weil er von Darmluft überlagert wird.

Eine Pyonephrose ist charakterisiert durch feine Echos, die durch Zelldetritus innerhalb der erweiterten Kelche hervorgerufen werden und sich bei Positionswechsel verändern.

9.7 Füllungsdefekte im Nierenbecken

Im Urogramm sind nicht schattengebende Füllungsdefekte des Nierenbeckens ein schwieriges diagnostisches Problem [27]. Differentialdiagnostisch sind zu erwägen:

- Nierenbeckentumoren,
- nichtschattengebende Konkremente,
- Blutkoagel,
- Luftblasen,
- kongenitale Mißbildung (Pseudotumor, ektopische Papille),
- vaskuläre Ursachen (Aneurysma, arteriovenöse Fisteln, Hämangiome, Kollateralkreisläufe, Gefäßimpression),
- infektiöse Ursachen (Papillennekrosen, Pyelitis cystica, Tuberkulose, Pilzballen),
- Fibrolipomatose, nichtkontrastierter Urin, parapelvine Zysten.

Alle diese Veränderungen können im Ausscheidungsurogramm ähnlich aussehen und sind deshalb nicht zu differenzieren. Auch durch Prüfung der Beweglichkeit des Füllungsdefekts, Tomographie sowie Kompression der Ureteren ist häufig keine Unterscheidung möglich. Als zusätzliche Untersuchung sind zytologische und bakteriologische Untersuchung des Urins, retrogrades Pyelogramm, Lavage des Nierenbeckens mit zytologischer Untersuchung der Spülflüssigkeit, Sonographie, Computertomographie, Bürstenbiopsie sowie Angiographie und als letzte Methode die operative Exploration des Nierenbeckens erforderlich. Hier bietet die Ultraschalluntersuchung weitere Informationen, denn sie kann zwischen nichtschattengebenden Konkrementen und anderen Ursachen von Füllungsdefekten (Blutkoagula, Tumoren) differenzieren.

Sonographische Kriterien der nichtschattengebenden Konkremente (Abb. 9.14)

1. Scharf begrenzter Schallschatten mit wenigen Wiederholungsechos
2. Stärkeres Echo im Nierensinus (jedoch nicht immer sicher erkennbar)

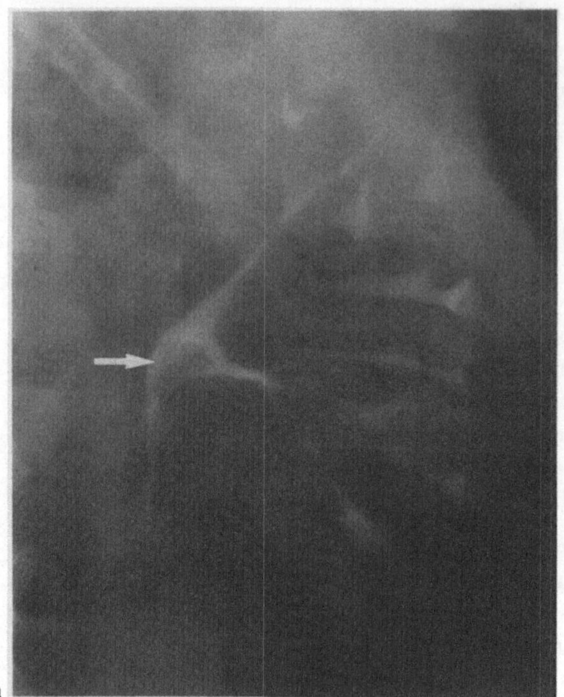

a

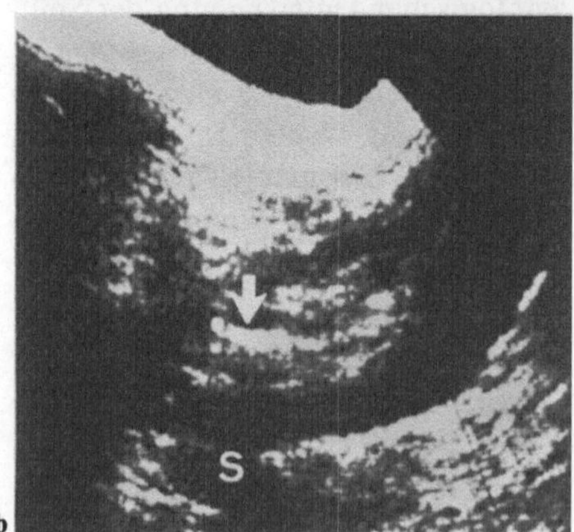

b

Abb. 9.14 a, b. Nichtschattengebendes Konkrement im Nierenbecken. **a** Ausscheidungsurogramm: Nichtschattengebender Füllungsdefekt im Nierenbecken (Pfeil). **b** Sonographie. Längsschnitt durch die linke Niere (Compoundgerät). Stärkeres Echo *(Pfeil)* mit Schallschatten *(S)* im mittleren Nierendrittel

Sonographische Kriterien der Nierenbeckentumoren (Abb. 9.15)

1. Zirkuläre Verlagerung der Kelchechos
2. Solide Raumforderung innerhalb der verlagerten Echos
3. Keine Schallverstärkung oder Schallschwächung hinter der Raumforderung

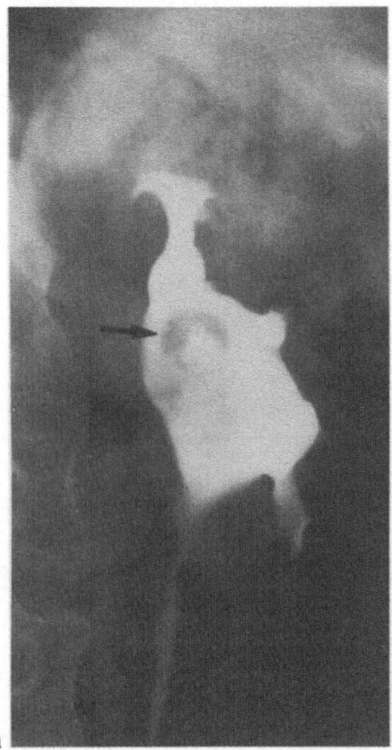

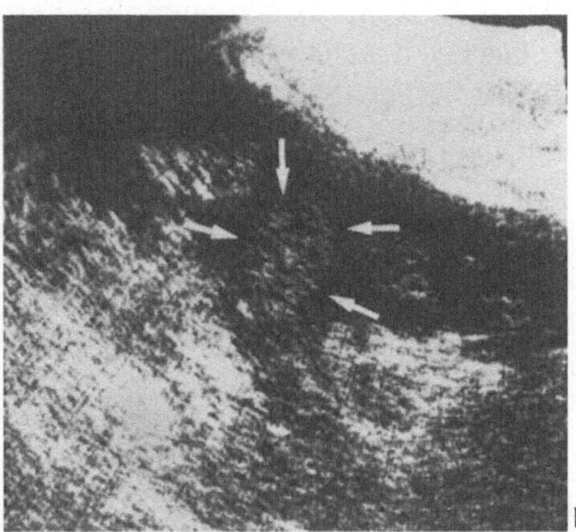

Abb. 9.15 a, b. Nierenbeckenkarzinom der linken Niere. **a** Retrograde Urographie: Nichtschattengebender Füllungsdefekt im Nierenbecken *(Pfeil)*. **b** Sonographie. Längsschnitt durch die linke Niere (Compoundtechnik). Verlagerung der Kelchechos durch eine Läsion *(Pfeile)*

Differentialdiagnostisch sind Blutkoagula schwierig zu unterscheiden. Blutkoagula zeigen jedoch eine Verschieblichkeit bei Positionsänderung des Patienten, außerdem bildet sich bei Verlaufskontrollen das Blutkoagel zurück.

Sonographische Kriterien der Blutkoagel im Nierenbecken

1. Verlagerung der Kelchechos
2. Solide Struktur im Nierenbecken
3. Verschieblichkeit der Läsion bei Positionsänderung des Patienten
4. Rückbildung der Raumforderung bei Verlaufskontrollen

Da Nierenbeckentumoren häufig bluten, sind Tumor und Blutkoagel oft zusammen im Nierenbecken nachweisbar. Deshalb sollten in diesen Fällen als nächste Untersuchung eine Computertomographie und dann eine Lavagezytologie angeschlossen werden. Luft kann im Nierenbecken nach einer retrograden Pyelographie, bei Entzündungen (gasbildende Bakterien), bei Fermentation von zuckerhaltigem Urin bei Diabetikern, postoperativ sowie bei Fisteln und Ureterimplantationen in das Sigma nachweisbar sein.

Bei Lagewechsel wandern Luftblasen immer zum höchsten Punkt des Nierenbeckens. Außerdem bildet sich mit der vorhandenen Flüssigkeit ein horizontaler Spiegel aus. Konkremente und Luftansammlungen verursachen sonographisch einen Schallschatten, der jedoch eine unterschiedliche Konfiguration zeigt. Der Schallschatten hinter dem Stein ist scharf begrenzt und enthält nur sehr geringe Wiederholungsechos (da im Nierenstein ein großer Teil der Schallwellen absorbiert wird). Der Schallschatten hinter Luft zeigt dagegen starke Wiederholungsechos und ist unscharf begrenzt. Der Schallschatten hinter einem Stein kann jedoch auch unscharf begrenzt sein, wenn der Stein nicht im Fokus des Schallkopfs liegt, die Tiefenverstärkung zu stark eingestellt ist oder nur ein Teil des Steins im Schallstrahl liegt.

Sonographische Kriterien der Luftansammlungen im Nierenbecken

1. Stärkeres Echo im Nierensinus
2. Schallschatten, der unscharf begrenzt ist und viele Wiederholungsechos zeigt

Die Nachweisschwelle von Nierensteinen hängt von der Frequenz des Schallkopfs, der Breite des Schallfeldes, der Lage des Steins zum Fokus des Schallkopfs und vom physikalischen Aufbau des Steins (Kristallstruktur, Rauigkeit der Struktur) ab. Vom Kalziumgehalt des Steins ist die Nachweisschwelle nicht abhängig.

9.8 Fibrolipomatose

Die Fibrolipomatose ist eine Vermehrung von Fett und Bindegewebe um das Nierenbeckenkelchsystem.

Im Sonogramm erscheint die Fibrolipomatose unterschiedlich. Einige Autoren beschreiben eine echoarme und echoreiche Form (Abb. 9.16 und 9.17). Andere beschreiben nur eine echoreiche Konfiguration [4]. Nach diesen Autoren soll die echoarme Konfiguration nur durch Zysten bedingt sein [4]. Nach unseren Erfahrungen ist die Echostruktur der Fibrolipomatose echoreich und echoarm [10], wobei eine fingerförmige Konfiguration typisch ist.

9.16 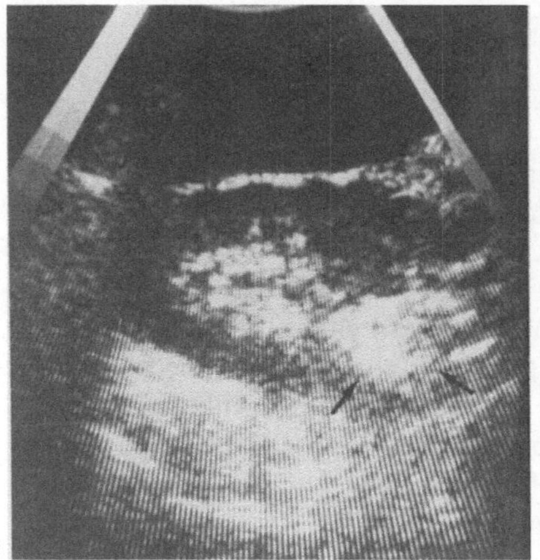 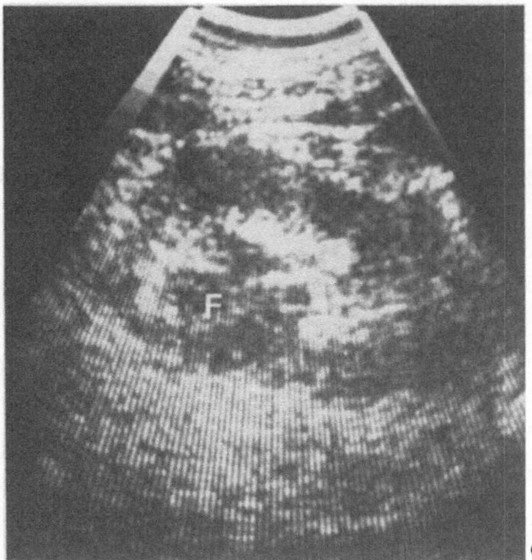 9.17

Abb. 9.16. Echoreiche Fibrolipomatose. Longitudinale Schnittführung durch die linke Niere. Der zentrale Echokomplex ist kaudal vergrößert, das Parenchym leicht verschmälert

Abb. 9.17. Echoarme Fibrolipomatose. Longitudinale Schnittführung durch die linke Niere (Realtime-Gerät). Fingerförmige, echoarme Bezirke *(F)* im Nierensinus

Sonographische Kriterien der echoarmen Fibrolipomatose (Abb. 9.17)

1. Echoarme Struktur, die jedoch nicht zystisch ist und geringe Echos enthält
2. Unscharfer Rand der Läsion
3. Keine distale Schallverstärkung

Differentialdiagnostisch sind eine Hydronephrose und eine parapelvine Zyste zu erwägen. Beide enthalten in einem Hohlraum (entweder Zyste oder Nierenbecken) Flüssigkeit und erfüllen folgende Kriterien einer zystischen Struktur:

1) Echofreiheit, auch bei zunehmender Verstärkung (Artefakte bei zu großer Verstärkung müssen jedoch ausgeschlossen werden),
2) Schallverstärkung hinter der flüssigkeitsgefüllten Struktur.

Ein Nierenbeckentumor ist sonographisch von der Fibrolipomatose nicht sicher zu unterscheiden. Differentialdiagnostisch hilft das Ausscheidungsurogramm weiter. Der Nierenbeckentumor zeigt einen Füllungsdefekt im Nierenbecken, während die Fibrolipomatose häufig eine Elongation und bogige Verlagerung sowie Verschmälerung der Kelchhälse, einen vergrößerten Abstand zwischen den Kelchhälsen sowie eine verstärkte Transparenz im Nierenhilus zeigt. Ein Füllungsdefekt wie bei einem Nierenbeckentumor ist nicht sicher erkennbar, in einigen Fällen ist jedoch eine Impression des Nierenbeckens von außen nachweisbar.

9.9 Entzündliche Nierenveränderungen

Akute (diffuse) Pyelonephritis

An der Niere wird ein breites Spektrum von pathologischen Veränderungen beobachtet [34]: geringe bis schwere, diffuse oder lokale Verbreiterung des Nierenparenchyms.

Pathologisch-anatomisch sind die Nieren ödematös geschwollen. Einschmelzungen, die zu peri- oder pararenalen Abszessen führen können, sind an der Oberfläche der Nieren und im Markbereich nachweisbar. Die akute Entzündung kann die ganze Niere befallen oder auf Teile beschränkt sein.

Die starke Entzündung des Nierenparenchyms wird auch bakterielle interstitielle Entzündung genannt [5]. Die Patienten haben häufig einen Diabetes mellitus sowie Infektionen mit gramnegativen Keimen.

Sonographische Zeichen (Abb. 9.18). Mit der Definition des Parenchym-Pyelon-Index (s. 9.3) ist ein Standard für die Parenchymbreite eingeführt worden. Die Beurteilung der Schalleitungsqualität ist von der Einstellung des Geräts abhängig.

Bei akuter Pyelonephritis mit geringer entzündlicher Parenchymbeteiligung zeigt das Sonogramm einen normalen Befund.

Sonographische Kriterien der akuten Pyelonephritis mit starker entzündlicher Beteiligung des Parenchyms [9] (Abb. 9.18)

1. Vergrößerung der gesamten Niere mit verdicktem echoarmem Nierenparenchym [7]
2. Geringe Schallverstärkung hinter der befallenen Niere (durch das Ödem enthält die Niere mehr Flüssigkeit und leitet den Schall besser)

Somit zeigt die Ultraschalluntersuchung bei akuten entzündlichen Nierenerkrankungen das Ausmaß der entzündlichen Nierenbeteiligung.

Fokale Pyelonephritis (Abb. 9.19)

Die akuten entzündlichen Nierenveränderungen können sich auch auf einen Teil der Niere beschränken. Diese Veränderungen werden als fokale Pyelonephritis oder auch fokale bakterielle Nephritis [22, 28] bezeichnet und führen im Ausscheidungsurogramm zu den Zeichen eines raumfordernden Nierenprozesses: Buckelung der Außenkontur, Verlagerung der Kelchhälse.

Differentialdiagnostisch müssen ein Tumor, ein Abszeß (besonders bei Fieber und Rückenschmerzen) und eine xanthogranulomatöse Pyelonephritis erwogen werden. Die Sonographie bietet hier weitere Informationen zur Differenzierung.

9.18  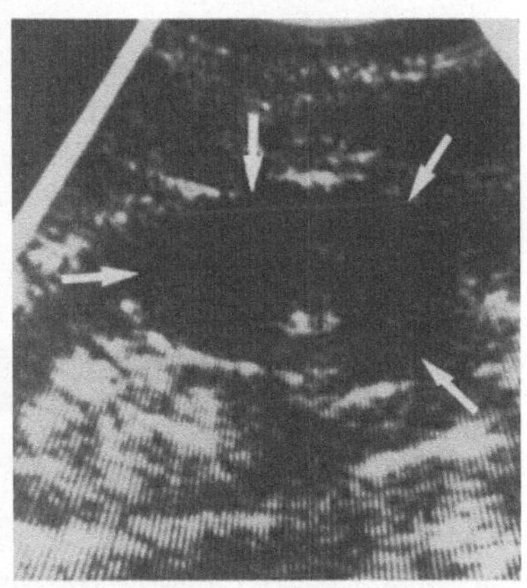 9.19

Abb. 9.18. Akute diffuse Pyelonephritis. Sonographie der linken Niere. Die Niere ist deutlich vergrößert, das Parenchym verbreitert und echoarm. Der Nierensinus ist verschmälert, die Schalleitung ist verstärkt (aus: W. Fiegler (1981): Einsatzmöglichkeit der Sonographie bei akuten entzündlichen Nierenerkrankungen. RÖFO 135/6: 640)

Abb. 9.19. Fokale Pyelonephritis. Sonographie der rechten Niere (Real-time-Technik). Buckelung der Außenkontur durch eine echoarme Läsion *(Pfeile)*

Sonographische Kriterien der fokalen Pyelonephritis (Abb. 9.19)

1. Lokalisierte Raumforderung
2. Echoarme Struktur

Der Abszeß zeigt dagegen eine echofreie oder -arme Raumforderung mit Schallverstärkung, z. T. ist ein Spiegel zwischen echofreier Flüssigkeit und Zelldetritus erkennbar [22].

Nach dem klinischen Bild ist häufig eine Unterscheidung zwischen Tumor und fokaler Pyelonephritis möglich, nach den sonographischen Kriterien können jedoch beide Erkrankungen nicht differenziert werden. Eine genaue Unterscheidung zwischen diesen Erkrankungen kann nur durch die Punktion mit anschließender histologischer Untersuchung des Punktats erfolgen. Die fokale Pyelonephritis zeigt außerdem unter antibiotischer Therapie bei Verlaufskontrolle eine Rückbildung der Raumforderung.

Akute Pyonephrose (Abb. 9.20)

> **Sonographische Kriterien der Pyonephrose** (Abb. 9.20)
>
> 1. Erweitertes Nierenbecken
> 2. Echos im Nierenbecken, z. T. Spiegel durch Detritus

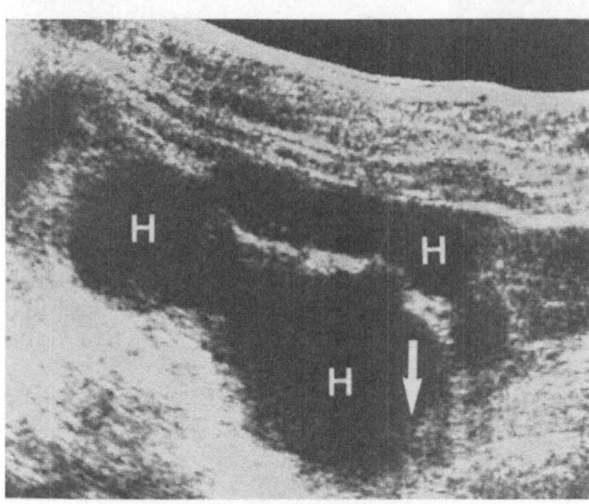

Abb. 9.20. Pyonephrose. Compoundsonographie der rechten Niere. Mehrere echofreie Läsionen *(H)* mit Spiegelbildung *(Pfeil)*, die durch Zelldetritus bedingt ist

Im Sonogramm sind Echos in der infizierten Hydronephrose nachweisbar, z. T. ist auch ein Flüssigkeitsspiegel zwischen echofreiem Urin und Zelldetritus [34] erkennbar (Abb. 9.20). Ein echofreies, erweitertes Nierenbecken schließt eine Pyonephrose aber nicht aus. Andererseits können bei Übersteuerung der Verstärkung Artefakte und damit Echos in einer nicht infizierten Hydronephrose entstehen. Zur Sicherung der Diagnose kann eine perkutane Punktion durchgeführt werden und dann eine antegrade Pyelographie zur Lokalisierung des Stopps angeschlossen sowie die Niere zur Vermeidung einer Atrophie des Nierenparenchyms gefistelt werden.

Xantogranulomatöse Pyelonephritis

Die Ursache ist eine chronische Infektion (meist durch Proteus mirabilis) und eine Stenose am ureteropelvinen Übergang durch einen Stein.

Sonographische Kriterien. Im Ultraschall ist eine diffus vergrößerte Niere mit einem Steinecho und Schallschatten erkennbar [18].

Differentialdiagnostisch ist ein entzündlicher Prozeß (z. B. Tuberkulose) und ein Hypernephrom zu erwägen.

Nierenabszeß (Abb. 9.21)

Sonographische Kriterien des Nierenabszesses (Abb. 9.21)

1. Nachweis einer Raumforderung
2. Echostruktur: echofrei oder echoarm

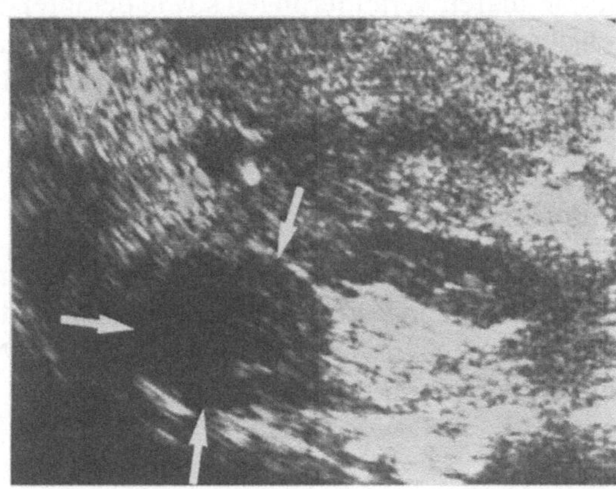

Abb. 9.21. Abszeß am oberen Nierenpol. Längsschnitt durch die rechte Niere, (Compoundtechnik). Raumforderung *(Pfeil)* am oben Nierenpol, die einzelne Echos enthält (aus: W. Fiegler (1981): Einsatzmöglichkeit der Sonographie bei akuten entzündlichen Nierenerkankungen. RÖFO 135/6: 640)

Die Echostruktur hängt vom Anteil des Zelldetritus und der Luftblasen im Abszeß ab. Die Unterscheidung von einem nekrotisch zerfallenen Tumor ist häufig nicht möglich. In der akuten Phase ist der Abszeß unscharf begrenzt. Das umgebende Nierenparenchym zeigt ein Ödem. Die Diagnose wird gesichert durch die unter sonographischer Kontrolle durchgeführte gezielte Punktion; der Abszeß wird dadurch auch entleert.

Infizierte Nierenzyste

Sonographische Kriterien der infizierten Nierenzyste

Echos in der zystischen Raumforderung

Bei der seltenen Infektion einer Nierenzyste zeigt die Ultraschalluntersuchung Echos in der zystischen Raumforderung. Artefakte (durch Übersteuerung des Gerätes) sind jedoch auszuschließen. Eine Infektion kann jedoch auch bei einer echofreien Zyste vorliegen.

Akute Glomerulonephritis

Bei akuter Glomerulonephritis ist ein verdickter Parenchymsaum zu beobachten. Andere Autoren beschreiben eine vermehrte Echointensität des Nierenparenchyms; in einigen Fällen ist ein unauffälliges Sonogramm nachweisbar [14]. Das sonographische Bild ändert sich mit Verlauf und Schweregrad der Erkrankung. Eine Niere mit starkem Ödem im Anfangsstadium der akuten Glomerulonephritis zeigt eine Verbreiterung des Nierenparenchyms. Mit Zunahme der glomerulären Veränderungen sowie der interstitiellen Fibrose steigt die Echointensität des Nierenparenchyms [23]. Im sonographischen Bild ist die akute Glomerulonephritis, die eine Verbreiterung des Nierenparenchyms zeigt, von der akuten Pyelonephritis schwer zu unterscheiden.

Chronische Pyelonephritis (Abb. 9.22)

Die chronische Pyelonephritis hat verschiedene Ursachen; die häufigste ist ein vesikoureteraler Reflux. Es ist eine fokale oder multifokale Schrumpfung des Nierenparenchyms erkennbar. Die befallene Niere ist verkleinert, und die Kelche sind verplumpt.

Sonographische Kriterien der chronischen Pyelonephritis (Abb. 9.22)

1. Lokalisierte oder multifokale Verschmälerung des Nierenparenchyms
2. Verstärkte Echostruktur des Parenchyms (durch Fibrose)

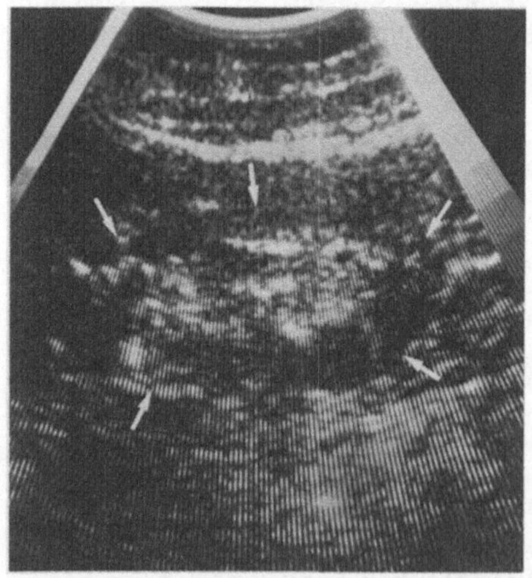

Abb. 9.22. Chronische Pyelonephritis. Longitudinale Schnittführung durch die linke Niere (Real-Time-Technik). Unregelmäßige Verschmälerung des Nierenparenchyms, das eine vermehrte Echogenität zeigt; wellige Außenkontur der Niere *(Pfeile)*

Der Parenchymsaum kann so echodicht werden, daß der Nierensinus nicht mehr abgrenzbar ist. Die chronische Glomerulonephritis läßt sich von diesem Endstadium der chronischen Pyelonephritis nicht mehr sicher unterscheiden.

Das sonographische Bild muß jedoch reproduzierbar sein, da Artefakte einen pathologischen Befund vortäuschen können. Bei der Größenbeurteilung muß die sonographische „Schnittführung" exakt in der Längsachse der Niere erfolgen.

Chronische Glomerulonephritis (Abb. 9.23)

Bei chronischer Glomerulonephritis ist eine symmetrische Verschmälerung des Nierenparenchyms erkennbar. Durch die Zunahme der interstitiellen Veränderungen steigt die Echointensität des Parenchyms. Diese Veränderungen sind u.a. auch bei Lupusnephritis, Lipoidnephritis, Amyloidose und interstitieller Nephritis erkennbar.

Sonographische Kriterien der chronischen Glomerulonephritis (Abb. 9.23)

1. Symmetrische Verschmälerung des Parenchyms mit Verkleinerung der gesamten Niere
2. Verstärkte Echointensität des Parenchyms

Abb. 9.23. Chronische Glomerulonephritis. Longitudinale Schnittführung (Real-time) durch die Niere. Die Niere ist verkleinert *(Pfeile)*, das Parenchym symmetrisch verschmälert, die Echointensität des Parenchyms verstärkt

9.10 Transplantatniere

Die oberflächlich gelagerte transplantierte Niere ist gut sonographisch zu untersuchen. Die Sonographie kann Lymphozelen, Hämatome und eine Obstruktion ausschließen. Diese Veränderungen können eine Rejektionskrise vortäuschen. Die Obstruktion der transplantierten Niere führt zu einer Erweiterung der Kelche. Eine erweiterte Harnblase kann jedoch ebenfalls eine kurzfristige Aufweitung der Kelche verursachen. Flüssigkeitsansammlungen um die transplantierte Niere (Urinome, Lymphozelen, Hämatome, Abszesse) können schnell und mit hoher Genauigkeit erkannt werden. Eine Punktion der Flüssigkeitsansammlung ermöglicht die genaue Diagnose.

Sonographische Kriterien der Rejektion einer transplantierten Niere

1. Vergrößerung der Niere, globuläre Umformung des Transplantats
2. Verschmälerung des Nierensinus, Schwellung von Rinde und Mark
3. Prominenz der kortikomedullären Grenze
4. Echoarme bis zystische Bezirke im Nierenparenchym, die durch Ödeme, Blutung oder Infarzierung bedingt sind

Die nuklearmedizinische Untersuchung kann eine Rejektion schneller erkennen.

9.11 Traumatische Nierenveränderung

Es werden Kontusionen, Hämatome, Rupturen des Nierenparenchyms und seltener Rupturen des Gefäßstiels beobachtet.

Hämatome können traumatisch oder spontan entstehen.

Sonographische Kriterien der perirenalen oder subkapsulären Nierenhämatome (Abb. 9.24)

1. Sichelförmige echofreie Läsion
2. Perirenale oder subkapsuläre Lage

Sonographische Kriterien der Nierenparenchymblutungen [32]

1. Veränderte Echotextur (echoarm oder gemischt: echoarm/echoreich)
2. Verlust der Grenze Parenchym/zentraler Echokomplex
3. Zum Teil lokale Vorbuckelung der Nierenkontur

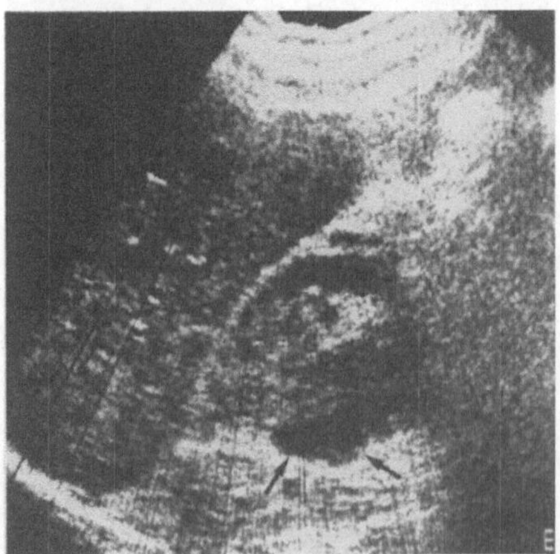

Abb. 9.24. Subkapsuläres Nierenhämatom. Schrägschnitt durch die rechte Niere (Compoundtechnik). Unterhalb der Nierenkapsel dorsal ist eine sichelförmige echofreie, zystische Läsion *(Pfeile)* erkennbar

9.12 Mißbildungen, Pseudotumoren

Bei dem lobären Dysmorphismus (Abb. 9.25) handelt es sich um eine Hypertrophie oder um eine Verdoppelung eines Nierensegments. Sonographisch ist eine Vorwölbung des Parenchyms erkennbar. Die Echotextur in der Vorwölbung entspricht der des Parenchyms, die Ultraschalluntersuchung kann jedoch nicht sicher einen Tumor ausschließen. Zur weiteren Differenzierung ist ein Nierenszintigramm oder eine Computertomographie mit Kontrastmittelgabe erforderlich.

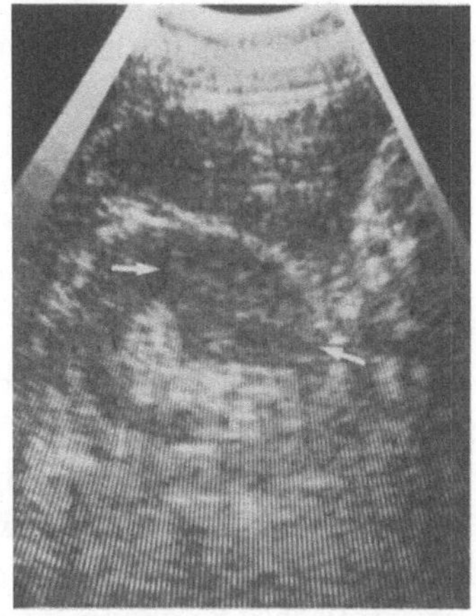

Abb. 9.25. Lobärer Dysmorphismus (Pseudotumur). Schrägschnitt durch die linke Niere. Das Nierenparenchym ist im ventralen Anteil deutlich verdickt *(Pfeile)*, die Kelchechos sind imprimiert, sonographisch ist hier ein kleiner Tumor nicht sicher auszuschließen. Zur weiteren Abklärung ist eine Szintigraphie mit DMSA erforderlich

Hufeisenniere

Sonographisch ist eine prävertebrale Raumforderung erkennbar. Die Rotationsanomalie der Niere ist auch sonographisch gut zu demonstrieren. Die Hufeisenniere kann mit Lymphknoten verwechselt werden. Bei unklaren Befunden sollte ein Nierenszintigramm durchgeführt werden.

9.13 Wertung und Integration

Renale Raumforderungen

In der Urographie ist eine Raumforderung durch einen Nierenbuckel, eine segmentale Konturauslöschung und eine Deformierung des Nierenbeckenkelchsystems gekennzeichnet. Um die Wertigkeit des Ausscheidungsurogramms bei einer Raumforderung zu analysieren, ist es sinnvoll, zwischen der Lokalisation eines Prozesses (Sensitivität I) und der Differenzierung, d. h. die Erstellung der endgültigen Diagnose (Sensitivität II) zu unterscheiden [13]. Das Ausscheidungsurogramm hat bei der Lokalisation einer Läsion (Sensitivität I) eine Genauigkeit von 97% [11]. Bei der Stellung der endgültigen Diagnose (Sensitivität II) hat das Ausscheidungsurogramm aber eine geringe Genauigkeit von 50% [11]. Daher müssen weitere Untersuchungen zur endgültigen Diagnosestellung durchgeführt werden. Als nächste Untersuchung bietet sich die Sonographie an.

Die Computertomographie hat die höchste Spezifität [13]. Auch die Sensitivität I, d.h. die Genauigkeit bei der Lokalisation einer Läsion, ist bei der Computertomographie etwas höher als beim Ultraschall [13]. Bei der Sensitivität II, d.h. bei der Stellung der endgültigen Diagnose, hat die Computertomographie eine statistisch signifikant höhere Genauigkeit von 93%. Die Sonographie hat hier nur eine Genauigkeit von 88% [13]. Bei unklarem sonographischen Befund sollte deshalb als nächste Untersuchung die Computertomographie durchgeführt werden.

Im *Computertomogramm ist eine Zyste charakterisiert* durch [31]:
- glatte Berandung zum Parenchym,
- dünne Wand,
- Dichte < 15–20 H.U., nach Kontrastmittelgabe keine Anreicherung.

Folgende Einschränkungen bestehen bei der computertomographischen Zystendiagnostik:
1. Bei Dichtewerten > 20 H.U. ist eine Infizierung, eine Einblutung oder ein nekrotisches Karzinom zu erwägen.
2. Bei Wandverdickungen ist differentialdiagnostisch eine Infizierung oder ein nekrotisches Karzinom zu diskutieren.
3. Bei parapelviner Lage muß differentialdiagnostisch an eine Fibrolipomatose gedacht werden.

Die Computertomographie kann den Para- und Perirenalraum, z.B. die Fascia gerota und die regionalen Lymphknoten sowie Lebermetastasen und den Tumorthrombus in der V. cava darstellen. Deshalb ist die Computertomographie besonders zum Staging eines Tumors geeignet [25, 33].

Ein wesentlicher Vorteil der nuklearmedizinischen Untersuchung ist die Unterscheidung von Pseudotumor und echter Läsion [16]. Der Ultraschall kann beim jetzigen Stand der Technik nicht in allen Fällen sicher zwischen Pseudotumor und Neoplasma differenzieren. Er kann jedoch mit hoher Treffsicherheit eine Zyste ausschließen. Die Computertomographie kann nach Injektion von Kontrastmittel auch einen Pseudotumor von einer Neoplasie unterscheiden, ist jedoch kostspieliger und zeitaufwendiger.

Die Computertomographie hat bessere Ergebnisse als die Ultraschalluntersuchung bei der Bestimmung der Organzugehörigkeit und Dignität. Sie liefert wesentliche Zusatzinformation, z.B. über Lymphknoten- oder Lebermetastasen, und ist deshalb besonders zum Staging geeignet. Auch die morphologische Differenzierung ist mit der Computertomographie besser, ebenso wie die Situsdarstellung. Der Ultraschall ist besonders geeignet zur Differenzierung Tumor/Zyste [6, 17, 19, 26]. Bei den Kosten schneidet die Computertomographie wesentlich schlechter ab, dagegen ist sie aber delegierbar. Die störenden Faktoren, wie Bewegung, Luft und Kalk verhalten sich bei Computertomographie und Ultraschall komplementär.

Diagnostisches Vorgehen bei raumfordernden Nierenprozessen (Abb. 9.26)

In den meisten Fällen wird als erste Untersuchung ein Ausscheidungsurogramm durchgeführt. Danach kann ein DMSA-Szintigramm angeschlossen werden zur Differenzierung Pseudotumor/Neoplasie. Als nächste Untersu-

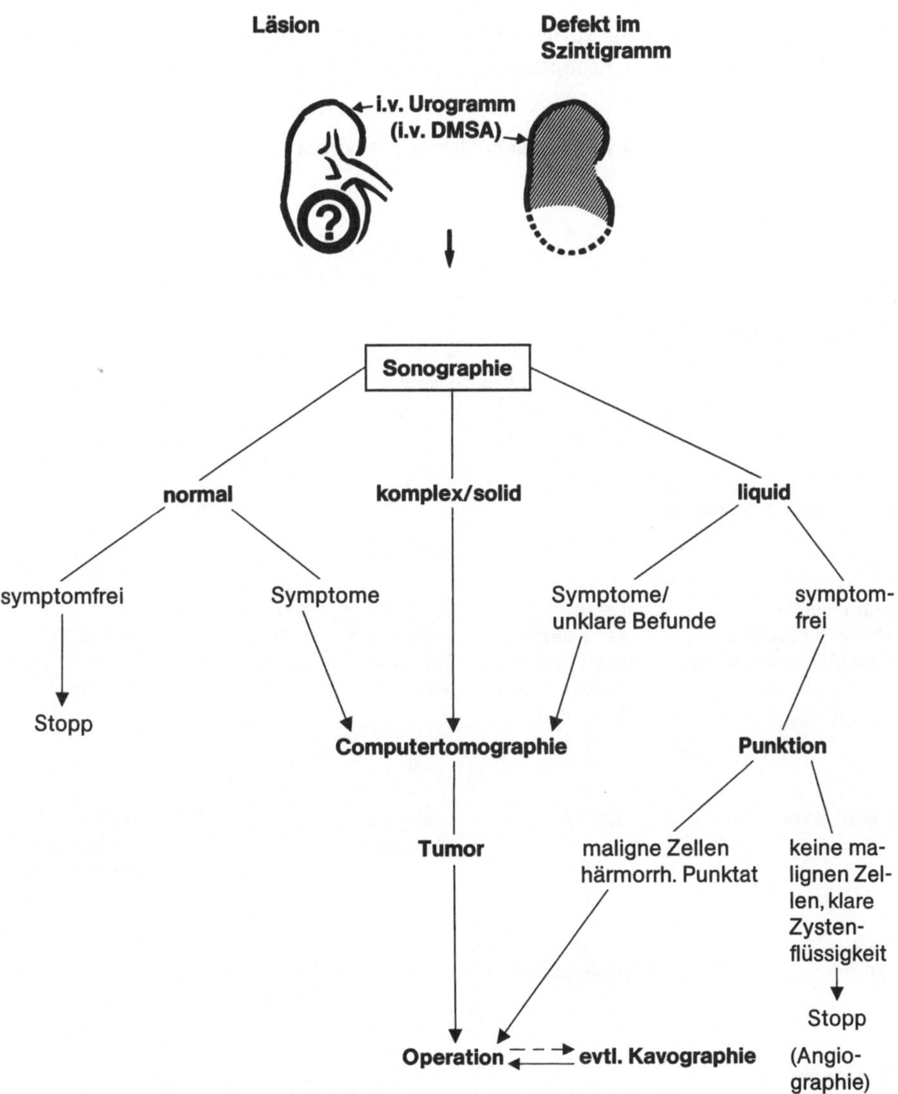

Abb. 9.26. Diagnostisches Vorgehen bei raumfordernden Nierenprozessen

chung (von einigen Autoren auch als Erstuntersuchung empfohlen [32]) sollte die Sonographie durchgeführt werden. Ergibt sich der sonographische Befund einer Zyste, sollte bei unklarem klinischen Befund eine Computertomographie oder eine Punktion durchgeführt werden. Ergibt die Sonographie den Befund einer soliden Läsion, so ist als nächste Untersuchung die Computertomographie indiziert. Die Angiographie ist nur bei computertomographisch unklaren Befunden sowie aus operationstaktischen Gründen (wenn der Operateur es wünscht) sowie bei Verdacht auf Cavathrombose anzuwenden [25, 33].

Diagnostisches Vorgehen bei stummen Nieren

Zur Abklärung einer urographisch stummen Niere sollte zunächst die Sonographie als nichtinvasives Untersuchungsverfahren eingesetzt werden (Abb. 9.27).

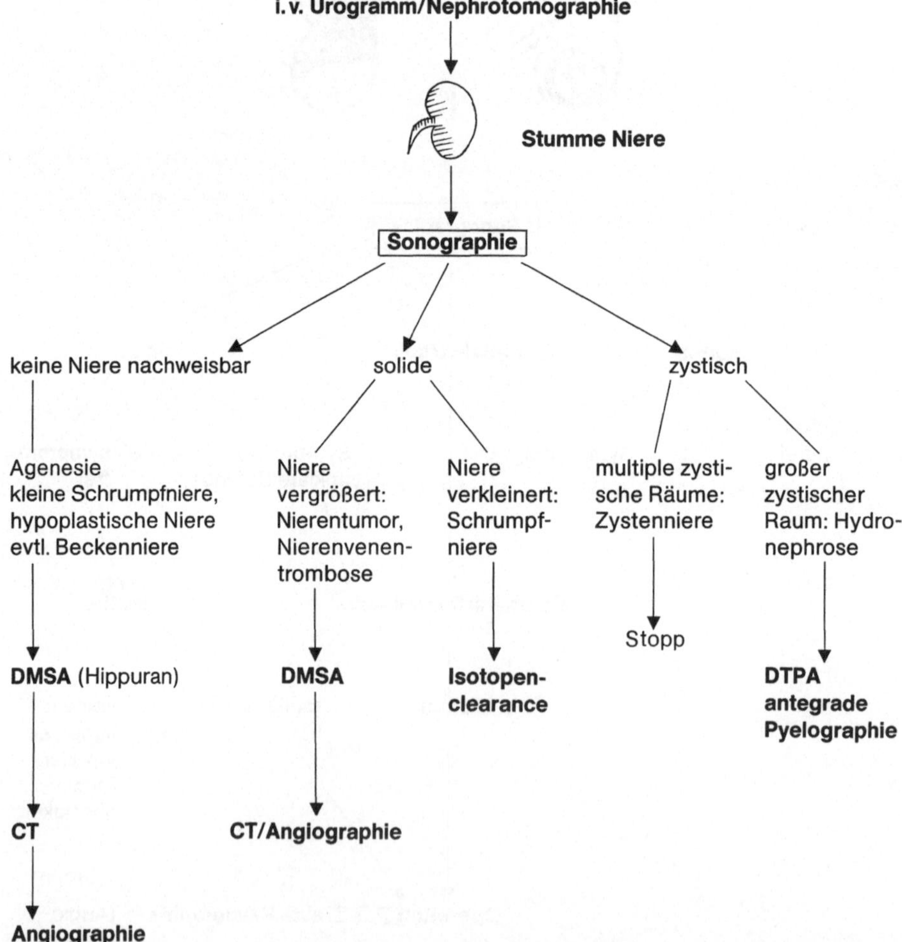

Abb. 9.27. Diagnostisches Vorgehen bei der Abklärung einseitig urographisch stummer Nieren

Ergibt die Sonographie einen großen zystischen Hohlraum, so ist differentialdiagnostisch neben einer Hydronephrose eine große Zyste oder eine perinephritische zystische Raumforderung (Abszeß, Hämatom) zu erwägen. Bei Erweiterung des Nierenbeckens und Verschmälerung des Nierenparenchyms handelt es sich um eine Hydronephrose. Zur weiteren Abklärung kann eine antegrade Pyelographie nach Punktion des Nierenbeckens durchgeführt werden. Gleichzeitig kann eine Fistelung zur Schonung des Parenchyms angeschlossen werden. Eine Angiographie ist in diesen Fällen nicht erforderlich. Beim Nachweis mehrerer zystischer Räume handelt es sich um Zystennieren. Erweist sich eine stumme Niere als solide, so liegt bei verkleinerter Niere eine Schrumpfniere vor.

Bei vergrößerter Niere mit erhaltener Kontur muß eine Nierenvenenthrombose diskutiert werden. Hier ist zur weiteren Abklärung eine CT mit Kontrastmittel erforderlich, bei unzureichender Darstellung der Nierenvene müssen angiographische und venographische Untersuchungen angeschlossen werden. Ist keine Niere nachweisbar, so ist zur Differenzierung zwischen Agenesie, kleiner hypoplastischer Niere bzw. Schrumpfniere, zunächst ein DMSA-Szintigramm empfehlenswert. Bei dann noch unklarem Befund kann eine Angiographie oder Venographie angeschlossen werden.

Durch dieses Vorgehen wird der Untersuchungsablauf wesentlich beschleunigt.

Füllungsdefekte im Nierenbecken

Bei Füllungsdefekten im Nierenbecken kann die *Computertomographie* mit dem höheren Dichteauflösungsvermögen kalkhaltige Strukturen empfindlicher nachweisen als die konventionelle Röntgendiagnostik und die Sonographie [31]. Differentialdiagnostisch sind Gefäßverkalkungen zu diskutieren. Auch Nierenbeckentumoren werden im Computertomogramm als Füllungsdefekt erkannt. Jedoch herrschen durch die geometrischen Verhältnisse keine optimalen Abbildungsbedingungen. Die Computertomographie zeigt gut die Infiltration des Nierenbeckentumors in das umgebende Parenchym. Sie hat eine höhere Genauigkeit bei der Abklärung von Füllungsdefekten als die Sonographie.

Entzündliche Veränderungen

Die klinischen Zeichen einer akuten Pyelonephritis sind nicht immer typisch. Fieber und Rückenschmerzen werden nicht nur bei akuter Entzündung, sondern auch bei Harnaufstau beobachtet. Die Sonographie ist eine geeignete Methode, diese beiden Erkrankungen zu unterscheiden.

Eine akute Pyelonephritis mit regelrechtem Verlauf unter Therapie erfordert keine darstellenden Untersuchungsmethoden (Ausscheidungsurogramm, Sonogramm). Wenn jedoch bei entsprechender Therapie die Beschwerden weiterhin bestehen bleiben, muß eine Ausscheidungsurographie oder Sonographie durchgeführt werden, um einen Harnaufstau, eine Anomalie (Duplikation), einen Nierenstein oder eine Abszedierung auszuschließen.

Im Ausscheidungsurogramm ist die akute Pyelonephritis charakterisiert durch [34]:

1. Vergrößerung der Niere,
2. verspätete und verminderte Kontrastmittelausscheidung,
3. Weitstellung des Nierenbeckenkelchsystems.

Die Computertomographie kann bei akuter Pyelonephritis, besonders bei schwerem Diabetes mellitus, nach Kontrastmittelinjektion streifige Bezirke verminderter Dichte zeigen.

Das Galliumszintigramm zeigt eine Anreicherung sowohl bei Abszeß als auch bei Tumor und fokaler Entzündung und kann somit nicht zur Differenzierung zwischen diesen Erkrankungen dienen [28]. Die Angiographie ergibt bei akuter Entzündung unauffällige Nierenarterien; die Venen sind geschlängelt, unregelmäßig oder verschlossen [28].

Die Computertomographie zeigt bei fokaler Pyelonephritis eine Raumforderung ohne Wandstruktur mit fleckiger Anreicherung nach Kontrastmittelgabe [22]. Beim Abszeß ist eine Raumforderung mit verminderter Dichte im Zentrum und einer Kontrastmittelanreicherung am Rand des Abszesses erkennbar. Computertomographie und Sonographie können somit einen Abszeß ausschließen. Bei Ausdehnung in den perirenalen Raum ist die Computertomographie jedoch die bessere Untersuchungsmethode, da sie die Fascia renalis und den perirenalen Raum gut darstellt.

Diagnostisches Vorgehen bei entzündlichen Nierenerkrankungen (Abb. 9.28)

Aus dem Schema des diagnostischen Ablaufs (modifiziert nach Wicks u. Thornbury [34]) geht die Stellung der Sonographie bei entzündlichen Nierenerkrankungen hervor. Ergibt die Ultraschalluntersuchung einen zystischen Raum im Nierensinus, so handelt es sich um eine Hydronephrose. Bei Nachweis von Echos in der zystischen Raumforderung oder eines Spiegels (Flüssigkeit/Zelldetritus) ist eine Pyonephrose zu diagnostizieren. Eine Punktion des Nierenbeckens zur Diagnostik sowie eine antegrade Pyelographie (Lokalisierung des Stopps) und evtl. eine Fistelung des Nierenbeckens sind dann indiziert.

Bei Nachweis einer zystischen Raumforderung mit Echos im Nierenparenchym liegt ein Abszeß oder eine infizierte Zyste vor. Eine Punktion oder Operation muß durchgeführt werden.

Zeigt die Ultraschalluntersuchung eine diffuse Vergrößerung der Niere, so ist eine akute Pyelonephritis oder eine Nierenvenenthrombose zu erwägen. Bei unklarer Klinik muß dann eine Angio-CT oder eine Angiographie zum Ausschluß einer Nierenvenenthrombose durchgeführt werden.

Bei einer lokalen Vergrößerung können eine fokale Pyelonephritis, ein beginnender Abszeß oder ein Tumor diagnostiziert werden. Ist die Klinik typisch für eine Infektion, kann man eine Verlaufskontrolle unter antibiotischer Thera-

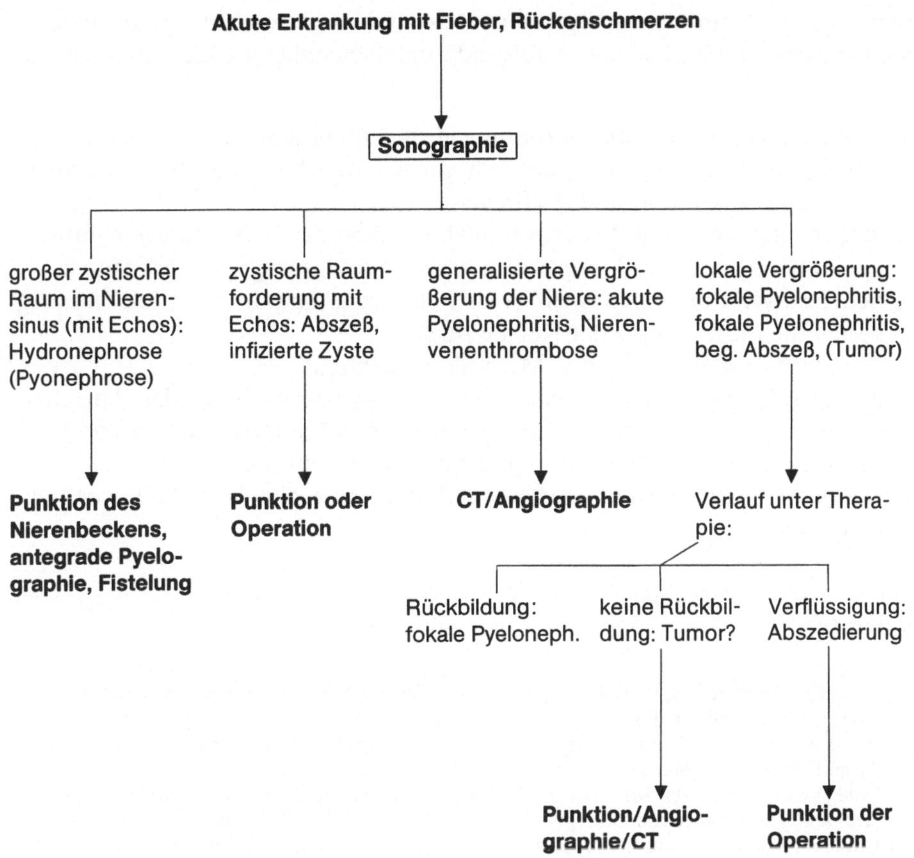

Abb. 9.28. Diagnostisches Vorgehen bei akuten entzündlichen Nierenveränderungen

pie durchführen. Bei Rückbildung der lokalen Vergrößerung lag eine fokale Pyelonephritis vor, bei Verflüssigung ist eine Abszedierung eingetreten, eine Punktion oder Operation muß durchgeführt werden. Ist *keine* Rückbildung erkennbar, muß eine Neoplasie durch Punktion, Computertomographie, oder Angiographie ausgeschlossen werden.

Trauma

Als erste Untersuchung kann bei Traumen ein Ausscheidungsurogramm durchgeführt werden. Auch die nuklearmedizinische Untersuchung zeigt die Nierenverletzung. Die Computertomographie (und auch die Sonographie) ist bei stärkeren Verletzungen indiziert, insbesondere bei Verdacht auf Hämatom. Die Angiographie muß bei Verdacht auf Verletzung der Nierenhauptgefäße durchgeführt werden.

Sonographie, Computertomographie, Ausscheidungsurogramm und nuklearmedizinische Methoden zeigen folgende unterschiedliche Darstellbarkeit der Nierenkompartimente:

1. Peri- und pararenale Raumforderungen sind am besten mit der Computertomographie und auch sonographisch gut nachweisbar. Das Ausscheidungsurogramm zeigt nur indirekte Hinweise.
2. Parenchmyläsionen sind ebenfalls am besten mit der Computertomographie, gut im Sonogramm und indirekt im Ausscheidungsurogramm erkennbar.
3. Bei Kelchveränderungen ist ein Ausscheidungsurogramm indiziert, da es am besten die Morphologie der Kelche zeigt.
4. Der Harnaufstau ist mit allen Methoden erkennbar.
5. Raumforderungen im Nierenbecken sind am besten durch das Ausscheidungsurogramm erkennbar. Computertomographie und Sonographie können zur weiteren Differenzierung herangezogen werden.
6. Die Nierenfunktion ist am besten durch nuklearmedizinische Untersuchung erkennbar.

Literatur

1. Arger PH, Mulhern CB, Pollack HM, Banner MP, Wein AJ (1979) Ultrasonic assessment of renal transitional cell carcinome: preliminary report. Am J Roentgenol 132/3: 407–411
2. Behan M, Wilson D, Kazam E (1979) Sonographic evaluation of the nonfunctioning kidney. J Clin Ultrasound 7: 449–458
3. Coleman BG, Arger PH, Mulhern jr CB, Pollack HM, Banner MP, Arenson RL (1980) Greyscale sonographic spectrum of hypernephromes. Radiology 137: 757–765
4. Cronan JJ, Yoder JC, Anis EJ, Pfister RC (1982) The myth of anechoic renal sinus fat. Radiology 144: 149–152
5. Davidson AJ, Talner LB (1973) Urographic and angiographic abnormalities in adult-onset bacterial nephritis. Radiology 106: 249
6. Doust VL, Doust BD, Redman HC (1973) Evaluation of ultrasonic B-mode scanning in the diagnosis of renal masses. Amer J Roentgenol 117: 112–118
7. Edell SL, Bonavite JA (1979) The sonographic appearance of acute pyelonephritis. Radiology 132: 683
8. Ellenbogen PH, Scheible FW, Leopold GR (1978) Sensitivity of grey scale ultrasound in detecting urinary tract obstruction. Amer J Roentgenol 130: 731–733
9. Fiegler W (1981) Einsatzmöglichkeiten der Sonographie bei akuten entzündlichen Nierenerkrankungen. ROEFO 135: 640
10. Fiegler W, Felix R (1981) Der Nierensinus im Sonogramm. ROEFO 134/5: 540–545
11. Fiegler W, Friedrich M, Sörensen R (1975) Der Wert der Sonographie in der Diagnostik renaler raumfordernder Prozesse. ROEFO 122/2: 99–103
12. Fiegler W, Friedrich M, Sörensen R (1979) Der Wert der Sonographie bei der Abklärung der einseitig urographischen stummen Niere. Roentgenblaetter 32: 355–361
13. Fiegler W, Wegener OH, Hartmann K, Felix R (1980) Computertomographie und Sonographie. Vergleichsstudie bei Erkrankungen des Oberbauches und des Retroperitonealraumes. ROEFO 132: 262–271
14. Finberg AJ, Hillman B, Schmith EH (1979) Ultrasound in the evaluation of the non-functioning kidney. In: Rosenfield AT (ed) Genitourinary ultrasonography. Clinics in diagnostic ultrasound 2. Livingstone, New York, p 105–124
15. Jaffe MH, White SJ, Silver TM, Heidelberger KP (1981) Wilms tumor. Ultrasonic features, pathology correlation, and diagnostic pifalls. Radiology 140: 147–152

16. Kahn PC (1979) Renal imaging with radionuclides, ultrasound and computed tomography. Semin Nucl Med 9: 43–57
17. King DL (1972) Renal ultrasonography. Radiology 10: 633–640
18. Kirk OC van, Go RT, Wedel VJ (1980) Sonography features of xanthogranulomatous pyelonephritis. AJR 134: 1035–1039
19. Koischwitz D, Frommhold H, Brühl P (1977) Die Treffsicherheit der Sonographie in der Diagnostik von Nierenerkrankungen. ROEFO 127/2: 97–106
20. Lang EK (1971) Coexistence of cyst and tumor in the same kidney. Radiology 101: 7–16
21. Lang EK (1973) Roentgenographic assessment of asymptomatic renal lesions. Radiology 109: 257–269
22. Lee JKT, McClennan BL, Leland Melson G, Stanley RJ (1980) Acute focal bacterial nephritis: emphasis on grey scale sonography and computed tomography. Am J Roentgenol 135: 87
23. Le Quesne JW (1978) Assessment of glomerulonephritis in children by ultrasound. In: White J, Lyons EH (eds) Ultrasound in medicine, vol 4. Plenum, New York, p 205
24. Marangola J, Broyon P, Azimi F (1976) Ultrasonic evaluation of the unilateral nonvisualized kidney. Amer J Roentgenol 126: 853–862
25. Mauro MA, Wadsworth DE, Stanley RJ, McClennan BL (1982) Renal cell carcinoma: Angiography in the CT-Era. AJR 139: 1135–1138
26. Pitts WR, Kazam E, Gershowitz M, Muecke EC (1975) Review of one hundred renal and perinephric sonograms with anatomic diagnosis. J Urol 114: 21–26
27. Pollack HM, Arger PH, Goldberg BB, Mulholland SR (1978) Ultrasonic detection of nonopaque renal calculi. Radiology 127: 233–237
28. Rosenfield AT, Glickmann MG, Taylor KJW et al. (1979) Acute focal bacterial nephritis. Radiology 132: 553
29. Shirkhoda A, Staab EV, Mittelstaedt LA (1980) Renal lymphoma imaged by ultrasound and Gallium 67. Radiology 137: 175–180
30. Voegeli E, Kwasny R, Hofer B (1980) Möglichkeiten und Grenzen der Sonographie und Angiographie bei renalen Raumforderungen. ROEFO 132/1: 55–62
31. Wegener OH (1981) Ganzkörper-Computer-Tomographie. Karger, Basel München Paris London New York Sidney (Schering-Buchreihe)
32. Weill FS, Bihr E, Rohmer P, Zeltner F (1981) Renal sonography. Springer, Berlin Heidelberg New York
33. Weyman PJ, McClennen BL, Stanley RJ, Levitt RG, Sagel SS (1980) Comparison of computed tomography and angiography in the evaluation of renal cell carcinoma. Radiology 137: 417–424
34. Wicks JD, Thornbury JR (1979) Acute renal infections in adults. Radiol Clin North Am 17: 245
35. Witten DM, Meyers GM, Utz DC (1977) Emmett's clinical urography, 4th edn. Saunders, Philadelphia

10 Hoden

10.1 Indikationen zur Hodensonographie

- Unklare Schwellung des Hodens oder Skrotums
- Auffälliger Palpationsbefund am Hoden
- Hodenschmerz
- Verdacht auf Hodentumor (Lungenmetastasen oder positive Tumormarker)

10.2 Untersuchungstechnik, Ultraschallgeräte zur Hodendiagnostik

Mehrere Autoren haben das Ultraschall-B-Bildverfahren zur Abklärung von Hodenerkrankungen angewandt [1, 8, 11, 13]. Da diese Geräte für die Oberbauchsonographie konstruiert wurden, erfordern sie zusätzliche Anpassungen; z.B. wird der Hoden in ein Wasserbecken gelegt und der Schallkopf an der Wasseroberfläche hin- und hergeführt. Auch Real-time-Geräte, die einen speziellen Schallkopf mit Wasservorlauf haben und dem kleinen Organ angepaßte Real-time-Geräte mit hoch auflösenden Schallköpfen (3,5–10 MHz) werden benutzt. Hierbei wird der Schallkopf direkt auf den Hoden gelegt, um Ultraschallschnitte durchzuführen. Ein Nachteil dieser Methode ist jedoch die individuelle Schnittführung, so daß nicht der gesamte Skrotalinhalt dargestellt wird und daher nicht die gesamte Anatomie demonstriert werden kann. Die Bilder sind deshalb nicht übersichtlich. Andere Autoren entwickelten ein tragbares Immersionsbad, das mit Real-time-Geräten benutzt werden kann [4]. Bei der Immersionstechnik hängt der verformbare Hoden im Wassertank und wird ohne Verlagerung aus unterschiedlichen Richtungen abgetastet.

10.3 Intraskrotale Flüssigkeitsansammlungen (Hydrozele, Spermatozele)

Hydrozele

Die Hydrozele ist eine Flüssigkeitsansammlung [12] im Sack der Tunica vaginalis. Sie kann durch Entzündungen (Epididymitis, Orchitis), Traumen und Hodentorsionen bedingt sein. Eine Hämatozele liegt vor, wenn in der Hydrozele Blut beigemengt ist oder es zu einer Blutung in die Tunica vaginalis gekommen ist (Abb. 10.1).

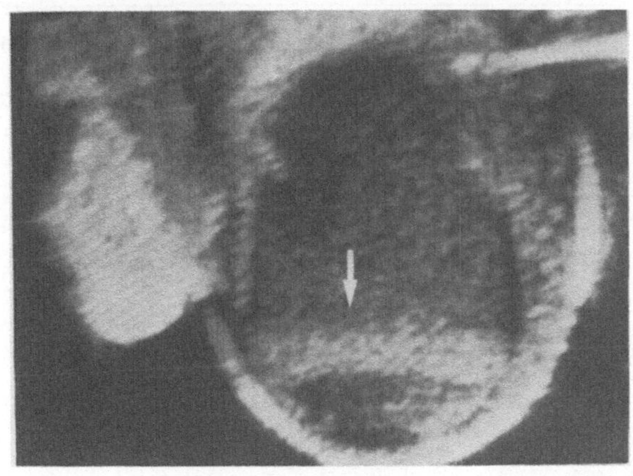

Abb. 10.1. Infizierte Hämatozele. Längsschnitt durch das Skrotum (Octoson). Leicht echogebende ovale Strukur, die am Boden einen Spiegel *(Pfeil)* bildet (durch Blut- und Zelldetritus)

Sonographische Zeichen (Abb. 10.2). Flüssigkeitsansammlungen können mit einer hohen diagnostischen Sicherheit von soliden Tumoren unterschieden werden. Besonders die Ausdehnung, Lokalisation und Verteilung der Flüssigkeit kann exakt beurteilt werden.

> **Sonographische Kriterien der Hydrozele** (Abb. 10.2)
>
> Ringförmige Flüssigkeitsansammlung zwischen den Hüllen der Tunica vaginalis

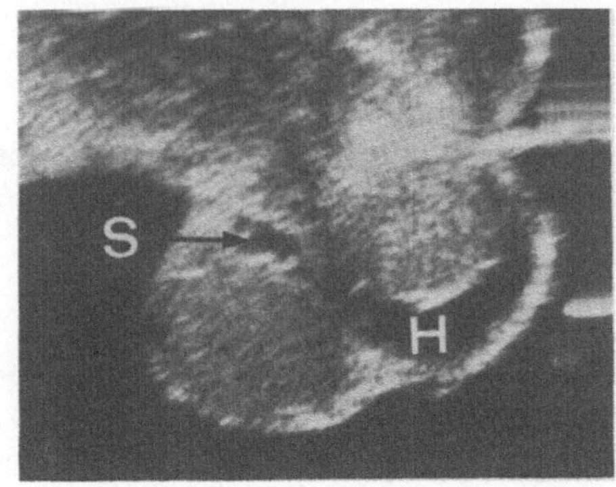

Abb. 10.2. Hydrozele des linken Hodens, Spermatozele rechts. Querschnitt durch das Skrotum mit beiden Hoden (Octoson). Der linke Hoden ist von Flüssigkeit *(H)* umgeben; flüssigkeitsgefüllte Struktur im rechten Nebenhoden (Spermatozele, *S*) (aus: W. Fiegler (1983): Hodensonographie in Immersionstechnik mit dem automatisierten Multisektor-Scanner (Octoson). Radiologe 23: 267)

Spermatozele, Varikozele

Die Spermatozele entspricht einem blind endenden Nebenhodenkanälchen (gestielte Hydatide oder erhaltenes Ende eines Wolff-Gangs), in das Sperma eingeflossen ist. Die Varikozele ist durch erweiterte Venen des Plexus pampiniformis bedingt.

Sonographische Kriterien der Spermatozele (Abb. 10.2)

Echofreie, rundliche, glatt berandete Struktur im Nebenhoden

Die *Varikozele* ist charakterisiert durch geschlängelte echoleere Strukturen im kranialen und lateralen Anteil des Hodens (Abb. 10.3).

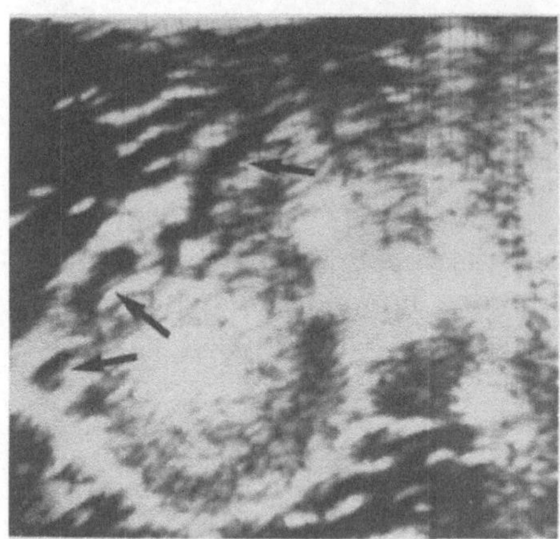

Abb. 10.3. Varicozele. Längsschnitt durch den rechten Hoden (Octoson). Geschlängelte, echofreie Struktur oberhalb des rechten Hodens (erweiterte Venen des Plexus pampiniformis, *(Pfeile)* (aus: W. Fiegler (1983): Hodensonographie in Immersionstechnik mit dem automatisierten Multisektor-Scanner (Octoson). Radiologe 23: 267)

10.4 Entzündungen (Epididymitis, Epididymorchitis)

Epididymitis

Die Entzündung des Nebenhodens (Epididymitis) kann hämatogen und kanalikulär (auf dem Wege des Ductus deferens) entstehen.

Epididymorchitis

Häufig greift bei fortgeschrittener Entzündung die Epididymitis auf den Hoden über, der dann auch abszedieren kann. Hoden und Nebenhoden sind dann palpatorisch nicht zu trennen. Der gesamte Hoden ist ebenso wie der meist geschwollene Samenstrang druckschmerzhaft.

Sonographische Zeichen. Die *chronische Nebenhodenentzündung* zeigt eine Vergrößerung des Nebenhodens mit echoreicher Struktur, die gut abgrenzbar ist (Abb. 10.4). Eine gemischte Echostruktur mit echoreichen und echoarmen Anteilen ist bei *akuter Epididymitis* nachweisbar (Abb. 10.5). Bei akuter Epididymorchitis ist eine echoarme Struktur des Hodenparenchyms mit zystischen Anteilen erkennbar. Die Hodenhüllen sind verdickt (Abb. 10.5).

Sonographische Kriterien der chronischen Epididymitis (Abb. 10.4)

1. Nebenhoden vergrößert
2. Echostruktur des Nebenhodens verstärkt
3. Nebenhoden gut abgrenzbar

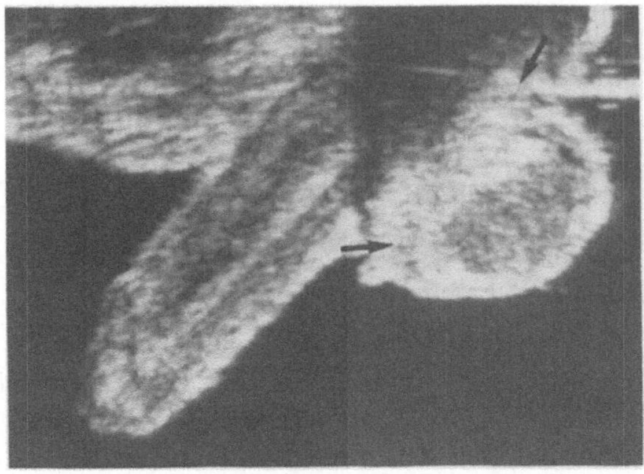

Abb. 10.4. Chronische Epididymitis. Längsschnitt durch den linken Hoden (Octoson). Vergrößerung des Nebenhodens mit vermehrter Echostruktur (Fibrose, *Pfeil*)

Sonographische Kriterien der akuten Epididymitis (Abb. 10.5)

1. Nebenhoden vergrößert
2. Unregelmäßige, echoarme Struktur des Nebenhodens

Bei Hodenbeteiligung (Epididymorchitis)

A. Echoarme Struktur des Hodenparenchyms
B. Hodenhüllen verdickt

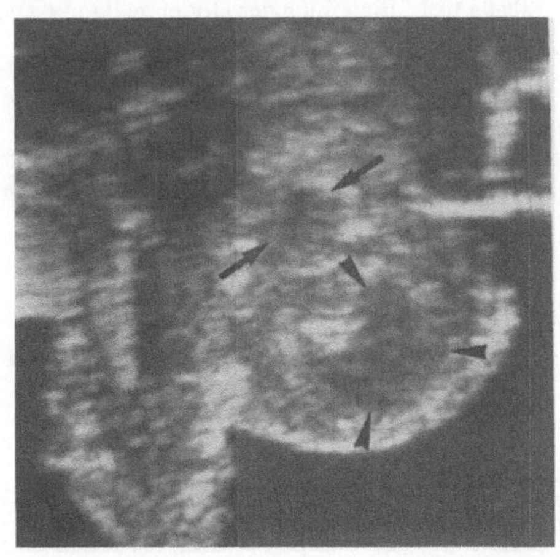

Abb. 10.5. Akute Epididymitis und Orchitis. Längsschnitt durch den rechten Hoden (Octoson). Vergrößerung des Nebenhodens, der eine echoarme Struktur (→) zeigt. Auch im rechten Hoden echoarme Areale (Orchitis) (▶). Die Echostruktur des Hodens ist von einem Tumor nicht zu unterscheiden (aus: W. Fiegler (1983): Hodensonographie in Immersionstechnik mit dem automatisierten Multisektor-Scanner (Octoson). Radiologe 23: 267)

Die Differenzierung zwischen Tumoren und entzündlichen Prozessen im Skrotum ist von großer klinischer Bedeutung, jedoch anhand der Echostruktur allein nicht sicher möglich. So kann ein Teratokarzinom des Hodens nicht sicher von einer Epididymorchitis mit Abszedierung unterschieden werden (beide zeigen ein unregelmäßiges Echomuster). Auch eine akute bzw. subakute Epididymitis kann nicht von einem Teratorkarzinom des Nebenhodens differenziert werden.

Bei einer Epididymorchitis ist immer eine Nebenhodenentzündung vorhanden. Dieses Kriterium hilft bei der Differenzierung Entzündung/Tumor weiter.

10.5 Kreislaufstörungen, Traumata

Bei Drehung des Samenstrangs (Hodentorsion) kommt es zur hämorrhagischen Infarzierung und Nekrose des Hodens.

Sonographische Zeichen. Wie schon bei Leopold et al. [8] beschrieben, zeigt die hämorrhagische Infarzierung eine starke hyperreflexible Echostruktur. Die Hodentorsion kann nicht mit dem B-Scan diagnostiziert, sondern durch das Ultraschall-Doppler-Verfahren [9] erkannt werden.

10.6 Tumoren

Hodengeschwülste und paratestikuläre Tumoren können einen vielgestaltigen Aufbau haben [12]. Nicht selten sind Tumorkombinationen, z. B. von Seminomen und Teratomen, zu beobachten. Fast alle Hodentumoren sind maligne. Sie lassen sich in die Gruppe der Keimzelltumoren (Ursprung sind die Zellen des testikulären Gewebes) und in Tumoren des Gonadenstromas (nach Hedinger [6] Abkömmlinge des spezialisierten Gonadenstromas) einordnen. Zur Einteilung der Hodentumoren s. auch Tabelle 10.1.

Tabelle 10.1. Einteilung der Hodenmalignome und deren Häufigkeit im British Testicular Panel (in Anlehnung an Pugh [12])

Einteilung der Hodenmalignome	Häufigkeit der einzelnen Tumoren im British Testicular Panel (2941 Einsendungen von 1958–1973)
1. Keimzelltumoren	Häufigkeit bezogen auf die Keimzelltumoren [%]
Seminome	47
Maligne Teratome	36
Kombinationstumoren	16
Chorionkarzinome	1
2. Seltene Hodentumoren	Häufigkeit bezogen auf alle Einsendungen [%]
Tumoren des Gonadenstromas	2
Maligne Lymphome	6
Paratestikuläre Tumoren	4
Metastasen	1
3. Kindliche Hodentumoren	4

Keimzelltumoren

Die Gruppe der Keimzelltumoren schließt Seminome, embryonale Karzinome, Chorionkarzinome und Teratome ein. Keimzelltumoren sind die häufigsten Hodengeschwülste. Die Seminome können den ganzen Hoden gleichzeitig durchwachsen, nicht selten sind ausgedehnte Nekrosen erkennbar.

Die oben beschriebenen Keimzelltumoren zeigen ein unterschiedliches biologisches Verhalten. Nach Pugh [12] sind Teratome und Mischtumoren vorwiegend im Alter von 25–30 Jahren zu beobachten, während Seminome im Alter von 35–60 Jahren vorkommen mit einem Gipfel um das 40. Lebensjahr. Seminome kommen bei Knaben vor der Pubertät praktisch nicht vor. Teratome sind dagegen auch bei Kindern, besonders in den ersten Lebensjahren, zu beobachten. Der Kryptorchismus gilt eindeutig als Risikofaktor.

Die klinische Symptomatik führt den Patienten erst spät zur Behandlung. Etwa 80% der Patienten bemerken eine Volumenzunahme eines Hodens [12], 10% aller Patienten geben Schmerzen im Hoden an.

Die Keimzelltumoren breiten sich zunächst lokal aus. Sie können jedoch unabhängig von der Größe des Tumors jederzeit Anschluß an das Lymphgefäßsystems finden. Die regionären Lymphknoten des Hodens liegen an der Einmündung der V. testicularis.

Tumoren des Gonadenstromas

Die Tumoren des Gonadenstromas sind sehr selten (2% aller Hodentumoren). Hedinger [6] bezeichnet diese Tumorformen auch als Tumoren des spezialisierten Gonadenstromas. Andere Autoren [14] nennen diese Tumoren auch Androblastome. Im einzelnen werden Leydig-Zelltumoren, Sertoli-Zelltumoren [2], Granulosazelltumoren und Gonadoblastome unterschieden.

Maligne Lymphome

Sie treten vorwiegend im höheren Alter auf; nur ausnahmsweise werden sie auch bei Kleinkindern beobachtet [6]. Sie sind in der Statistik von Pugh [12] bei 6,7% von insgesamt 2739 Hodentumoren nachweisbar. Diese Tumoren sind Ausdruck einer Systemerkrankung; ein isolierter Hodenbefall wird kaum beobachtet. Differentialdiagnostisch muß neben myeloproliferativen Prozessen die granulomatöse Orchitis erwogen werden.

Paratestikuläre Tumoren

In der Zusammenstellung von Pugh sind unter 2739 Hodentumoren nur 4% paratestikuläre Tumoren enthalten [12]. Es handelt sich um Adematoidtumoren, Karzinoide, hellzellige papilläre Zystadenome des Nebenhodens, paratestikuläre Sarkome (embryonale Sarkome, Rhabdomyosarkome, Leiomyosarkome, Liposarkome und Fibrosarkome). Die häufigsten Nebenhodentumoren des Erwachsenen sind die Adematoidtumoren.

Sonographische Zeichen

Die *Seminome* haben, wie auch schon von anderen Autoren [5] beschrieben, eine verminderte, regelmäßige Echostruktur (Abb. 10.6). *Maligne Teratome* haben dagegen (ebenso wie entzündliche Hodenerkrankungen mit Abszedierung) ein irreguläres Echomuster (Abb. 10.7) [5].

Sonographische Kriterien der Hodentumoren (Abb. 10.6 und 10.7)

1. Vergrößerung und Konturveränderung des Hodens
2. Veränderte Echostruktur des Hodens (echoarm eher bei Seminomen, unregelmäßige Echostruktur bei Teratomen)

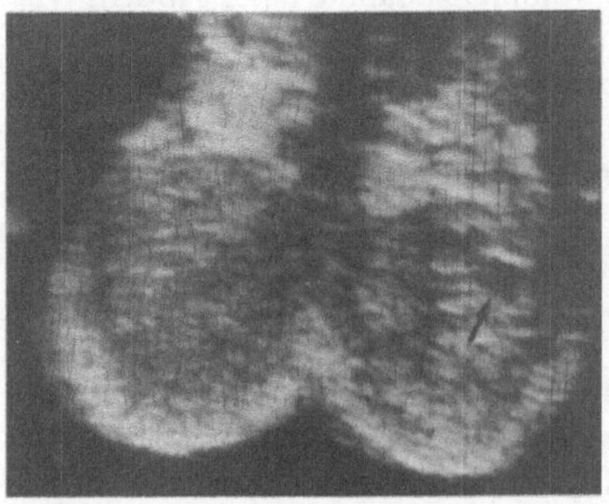

Abb. 10.6. Kleines Seminom im linken Hoden. Querschnitt durch das Skrotum mit beiden Hoden (Octoson). Der linke Hoden zeigt ein echoarmes Areal *(Pfeil)*

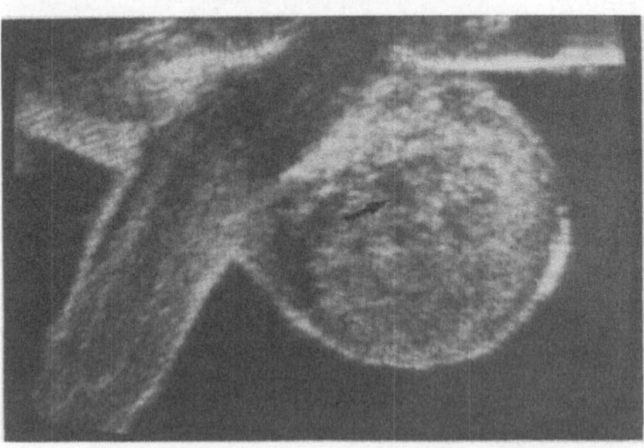

Abb. 10.7. Malignes Teratom des linken Hodens. Längsschnitt durch den linken Hoden (Octoson). Unregelmäßige Echostruktur mit echoarmen und echoreichen Arealen *(Pfeil)*

Die Ultraschalluntersuchung kann zwischen intratestikulären und extratestikulären soliden Raumforderungen unterscheiden. So kann in allen Fällen eine Erkrankung des Nebenhodens sicher von einer Hodenerkrankung differenziert werden. Jedoch ist die Unterscheidung zwischen Tumor und entzündlichem Prozeß aufgrund der Echostruktur allein nicht sicher möglich.

10.7 Wertung und Integration

Mit folgenden Untersuchungsverfahren kann der Hoden untersucht werden:

- Infratelethermographie [7],
- Hodenszintigraphie mit Tc-Pertechnetat [10],
- Ultraschall-Doppler-Stethoskop [9],
- Ultraschall-B-Verfahren (Real-time und Compound) [1, 8, 11, 13],
- Immersionstechnik [3, 5].

Die Hodensonographie kann aufgrund des diagnostischen Prinzips des Ultraschalls mit hoher Genauigkeit zwischen soliden und flüssigen intraskrotalen Läsionen differenzieren. Hydrozelen können von Spermatozelen unterschieden werden. Beim Nachweis einer Hydrozele kann eine zusätzliche Erkrankung des Hodens (Tumor, Entzündung, „sekundäre Hydrozele") ausgeschlossen werden.

Das homogene Echomuster des Hodens und das gute Auflösungsvermögen sind die Voraussetzungen für die Erkennung kleiner intraskrotaler solider Veränderungen. Die Sonographie hat eine hohe Spezifität, d.h., sie kann mit großer Genauigkeit eine Erkrankung ausschließen.

Bei Hodenschwellungen sollte die Sonographie durchgeführt werden, da sie mit hoher Treffsicherheit zwischen zystischen (Hydrozele, Spermatozele) und soliden Läsionen (Tumor, Entzündung) unterscheiden kann. In über 95% der Fälle gelingt eine Unterscheidung von intraskrotalen Flüssigkeitsansammlungen und soliden intra- und extratestikulären Raumforderungen [11]. Intratestikuläre solide Veränderungen (Tumoren, Orchitis) können von extratestikulären (Nebenhoden) abgegrenzt werden.

Reine Seminome zeigen eine verminderte, homogene Echostruktur, während Teratokarzinome eine unregelmäßige Textur aufweisen. Ein Teratokarzinom des Hodens kann nicht sicher von einer Entzündung mit Abszedierung, eine akute Epididymitis nicht von einem Nebenhodentumor unterschieden werden. Bei einer Epididymorchitis ist aber immer eine Nebenhodenentzündung vorhanden. Dieses Kriterium ermöglicht in vielen Fällen eine Unterscheidung Tumor/Entzündung. Auch der klinische Befund sowie die Bestimmung der Tumormarker hilft bei vielen Fällen weiter. Im Zweifelsfall sollte aber eine operative Hodenfreilegung durchgeführt werden.

Literatur

1. Arger PH, Mulhern CB, Coleman BG, Pollack HM, Wein A, Ross J, Arensen R, Banner M (1981) Prospective analysis of the value of scrotal ultrasound. Radiology 141: 763–766
2. Cunningham JJ (1981) Echographic findings in Sertoli cell tumor of the testis. J Clin Ultrasound 9: 341–342
3. Fiegler W (1983) Hodensonographie in Immersionstechnik mit dem automatisierten Multisektor-Scanncer (Octoson). Radiologe 23: 267–272
4. Fischer P, Boldt I, Franken TH (1981) Ein neues, einfaches Verfahren für die Immersionssonographie des Skrotalinhalts in Real-time-Technik. Ultraschall 2: 271–273

5. Friedrich M, Claussen C, Felix R (1981) Immersion ultrasonography of scrotal and testicular pathology. Eur J Radiol 1: 60–66
6. Hedinger C (1977) Pathologie der testikulären und paratestikulären Tumoren. Dtsch Med Wochenschr 102: 489–495
7. Lee TN, Gold RH (1976) Localization of occult testicular tumor with scrotal thermography. JAMA 236: 1975–76
8. Leopold GR, Woo VL, Scheible FW, Nachtsheim D, Gosink BB (1979) High-resolution ultrasonography of scrotal pathology. Radiology 131: 719–722
9. Levy BJ (1975) The diagnosis of torsion of the testicle using the Doppler ultrasonic stethoscope. J Urol 113: 63–65
10. Mishkin FS (1977) Differential diagnostic features of the radionuclide scrotal image. AJR 128: 127–129
11. Naser V, Ikinger U, van Kaick G, Schweigler M (1979) Echographie des Scrotums und der Testes mit Hilfe einer neuen Untersuchungstechnik. Urologie [Ausg A] 18: 321–325
12. Pugh RCB (1976) Pathology of the testes. Blackwell, Oxford London Edinburgh Melbourne
13. Staehler G, Gebauer A, Mellin H-E (1978) Sonographische Untersuchung bei Erkrankungen des Skrotalinhaltes. Urologe [Ausg A] 17: 247–250
14. Teilum G (1976) Special tumors of ovary and testis. Comparative pathology and histological identification, 2nd edn. Munksgaard, Copenhagen

11 Mamma

11.1 Indikationen zur Ultraschalluntersuchung

- Abklärung palpabler oder röntgenologisch auffälliger Befunde (Differentialdiagnose Tumor/Zyste)
- Wegweiser zur Punktion
- In Zukunft: evtl. Basisuntersuchung, Krebsvorsorge

11.2 Untersuchungstechnik, Ultraschallgeräte zur Mammadiagnostik

In letzter Zeit haben viele Arbeitsgruppen [12–14, 16, 18] die Mammasonographie in die Krebsdiagnose eingeführt. Einige Autoren [2, 7, 10] haben über kommerzielle automatisierte Immersionsscanner berichtet. Man kann zwischen 2 unterschiedlichen Systemen unterscheiden:

1. manuelle Scanverfahren (Nahbereichsscanner, Schallupe Bio-Sound),
2. automatische Scanverfahren (Geräte mit externem Wasservorlauf [12–14, 16] und Immersionsscanner, wie Octoson, Life-Instruments-Brustscanner, SMU 120.

Zur *Mammakompression,* die nach Gros et al. [6] eine bessere Darstellbarkeit von Mammakarzinomen ergibt, wird bei den Immersionsscannern ein Tuch über den Wassertank gelegt, bevor die Patientin die Brust in den Wassertank hängt. Hierdurch wird die Brust komprimiert, und trotzdem ist eine gute übersichtliche Darstellung möglich (Abb. 11.1).

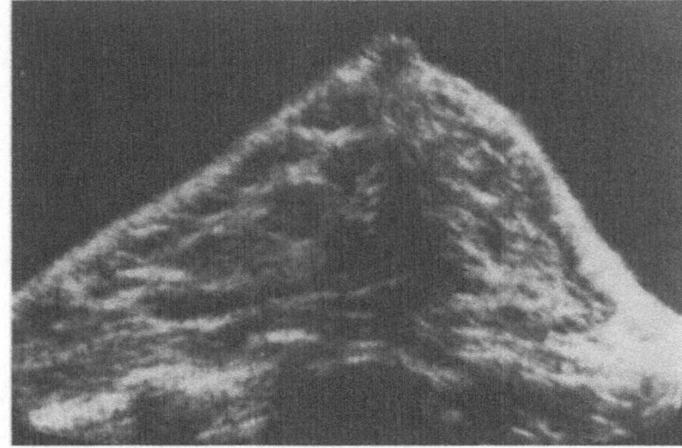

Abb. 11.1. Normale Mamma. Longitudinales Sonogramm der Mamma in Immersionstechnik (Octoson). Gute Darstellung der Mamma mit Haut, subkutanem Fettgewebe und Parenchym

11.3 Normale Mamma (Abb. 11.1)

Die Sonographie zeigt Haut, Mamille, Fettgewebe, Drüsenkörper, Brustmuskulatur und Rippen. Es lassen sich altersabhängig die jugendliche Brust, die Brust der geschlechtsreifen Frau sowie die involutierte fettreiche Brust unterscheiden.

11.4 Zysten (Abb. 11.2)

Zysten lassen sich vom diagnostischen Prinzip des Ultraschalls her mit einer hohen Nachweisempfindlichkeit erkennen. Das entscheidene Kriterium ist die reflexfreie Zone mit glattem Rand und Schallverstärkung sowie lateraler Schallschattenbildung. Zysten können bei der Mammographie ein diagnostisches Problem sein, da das klassische Kriterium der Gutartigkeit (glatte Randkontur) durch überlagerte Bindegewebsstrukturen nicht mehr erkennbar sein kann; auch medulläre Karzinome können eine glatte Wand haben und sind somit von Zysten im Mammogramm nicht sicher zu unterscheiden. Hier bietet die Mammasonographie als additive Untersuchung wesentliche Zusatzinformationen [3]. Sie kann einen soliden Prozeß ausschließen. Bei sonographisch erkennbarer zystischer Struktur muß eine Punktion mit zytologischer Untersuchung des Punktats und eine Röntgenuntersuchung nach Luftfüllung der Zyste angeschlossen werden.

Sonographische Kriterien der Mammazyste (Abb. 11.2)

1. Echofreie Zonen
2. Glatter Rand
3. Schallverstärkung hinter der Zyste
4. Laterale Schallschatten hinter der Zyste

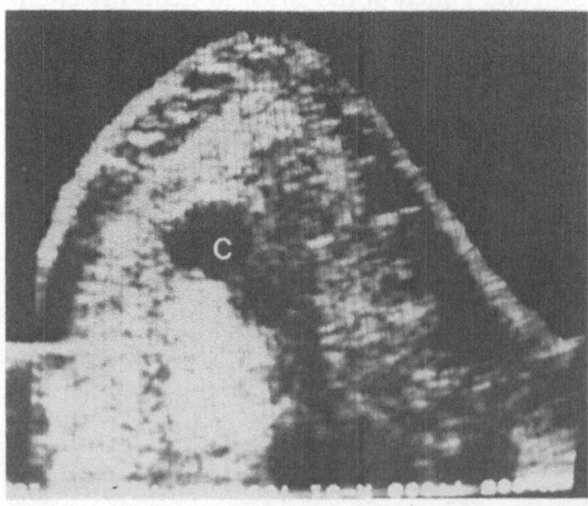

Abb. 11.2. Große Zyste in der rechten Brust. Einfachscan am Octoson in Immersion. Echofreie Läsion *(C)* mit Schallverstärkung

11.5 Fibroadenome (Abb. 11.3)

Gutartige Mammatumoren sind auch im Sonogramm glatt begrenzt mit runder Konfiguration und schwach reflektierender Echostruktur, die sich vom umgebenden echodichten Gewebe gut abhebt. Die beim Zystennachweis erkennbare Schallverstärkung ist nicht vorhanden. Es ist ein deutliches Hinterwandecho und keine Schallschwächung erkennbar. Medulläre Karzinome können sonographisch von Fibroadenomen nicht sicher differenziert werden [3]. Beide zeigen die sonographischen Zeichen eines expansiv wachsenden Mammatumors ohne Umgebungsinfiltration, wobei jedoch das medulläre Karzinom eher eine unregelmäßige Binnenstruktur zeigt.

Sonographische Kriterien des Fibroadenoms der Mamma (Abb. 11.3)

1. Echoarme Läsion mit regelmäßiger Binnenstruktur
2. Glatter Rand. Häufig keine Schallschwächung oder Schallverstärkung

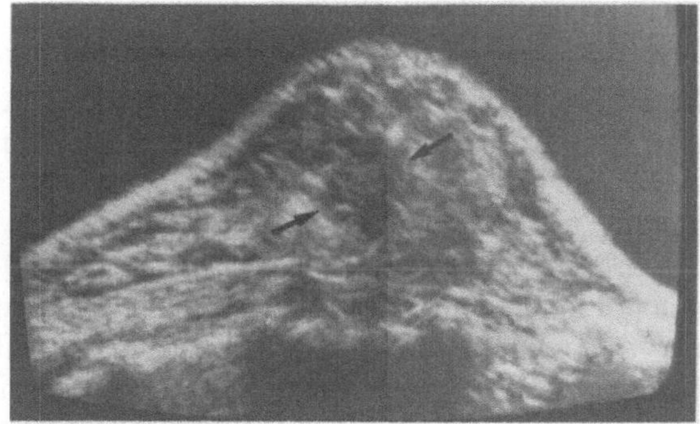

Abb. 11.3. Fibroadenom der Brust. Compoundscan am Octoson in Immersionstechnik. Glatt berandete, echoarme Struktur *(Pfeile)* ohne Schallschwächung oder Schallverstärkung. Differentialdiagnostisch ist ein medulläres Karzinom nicht auszuschließen

11.6 Maligne Mammatumoren (Abb. 11.4)

Die Mammakarzinome haben eine unterschiedliche histologische Zusammensetzung. Besonders die unterschiedliche Zell-Stroma-Relation beeinflußt die physikalische Beschaffenheit und damit das sonographische Absorptionsverhalten. Diese beeinflußt wieder die röntgenologische und sonographische Darstellung [1]. Die Tumoren zeigen auch im Sonogramm eine irreguläre Begrenzung. Der Mittelschatten (oder Schallschatten) [12, 14] ist vom Bindegewebeanteil der Tumoren abhängig.

Sonographische Kriterien des szirrhösen Mammakarzinoms (Abb. 11.4)

1. Echoarme Läsion
2. Unregelmäßige Echostruktur
3. Unscharfe Begrenzung
4. Meistens Schallschatten

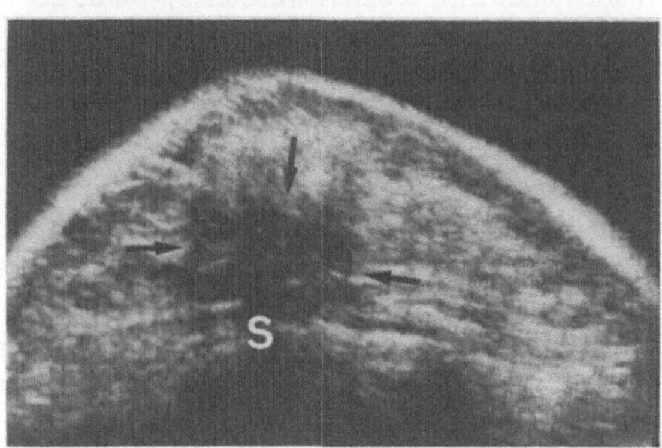

Abb. 11.4. Mammakarzinom. Compoundscan am Octoson mit Mammakompression. Echoarme, unscharf begrenzte Raumforderung *(Pfeile)* mit Schallschwächung *(S)*

Medulläre Karzinome haben einen geringen Anteil an Bindegewebe und sind glatt begrenzt. Somit zeigen diese Tumoren eine geringe akustische Schwächung und sind auch im Sonogramm scharf konfiguriert. Sie können nicht von gutartigen Tumoren unterschieden werden (s. 11.5) [10] (Abb. 129).

Große differentialdiagnostische Probleme ergeben sich bei der Abgrenzung von proliferativen Zysten und zystisch zerfallenen Karzinomen sowie medullären Karzinomen mit Spontanhämatom [3]. Mikroverkalkungen, die in der Mammographie ein wichtiges diagnostisches Kriterium darstellen, sind in der Sonographie nicht nachweisbar. Die massiven Verkalkungen in Fibroadenomen sind nicht sehr deutlich als stärkeres Echo erkennbar, sondern eher an dem Schallschatten nachweisbar. Hierdurch ist eine Verwechslungsgefahr mit dem Auslöschphänomen bei Karzinomen gegeben.

Sonographische Kriterien des medullären Mammakarzinoms

1. Echoarme Läsion
2. Unregelmäßige Echostruktur
3. Glatte Berandung (Differentialdiagnose: Fibroadenom, s. 11.5)
4. Fehlende oder geringe Schallschwächung

11.7 Wertung und Integration

Es sind 2 unterschiedliche diagnostische Konzepte der Mammasonographie zu unterscheiden:

1. als Zusatzuntersuchung zur Abklärung von schon lokalisierten Läsionen oder Befunden,
2. als Basisuntersuchung bzw. Erstuntersuchung zur Entdeckung von unbekannten Befunden, z. B. Krebsvorsorge.

Diese unterschiedlichen Zielsetzungen führen zu verschiedenen Gerätekonzepten. Als Zusatzuntersuchung erscheint ein manuelles Scanverfahren (z. B. Nahbereichsscanner Combison 100, Echtzeitschallupe Bio-Sound oder hochauflösende Nahbereichultraschallgeräte) sinnvoll. Diese Geräte haben eine Eindringtiefe von 4 cm. Diese manuellen Scanverfahren haben den wesentlichen Vorteil, daß der sonographische Befund mit dem Palpationsbefund direkt korreliert werden kann. Als Nachteil gelten die fehlende anatomische Zuordnung, schlechte Übersicht, fehlende stabile Lage der Mamma und begrenzte Delegierbarkeit. Diese Nachteile fallen jedoch nicht so sehr ins Gewicht, da die Sonographie ja nur lokalisierte, d. h. schon bekannte Läsionen abklären soll.

Zur Basis- bzw. Vorsorgeuntersuchung sind automatische Ultraschallverfahren vorzuziehen. Hier kann der Immersionsscanner Octoson oder ein anderes Gerät mit externem Wasservorlauf angewandt werden. Die Immersionsscanner bieten eine gute anatomische Übersicht [4], die Lage der Brust ist stabil, die Untersuchung ist reproduzierbar, und eine systematische Durchuntersuchung ist möglich. Außerdem besteht eine gute Schallankoppelung, und die Untersuchung ist von einer MTA durchführbar. Somit sind die Voraussetzungen für die Verwendung bei Vorsorgeuntersuchungen erfüllt. Die Bilddokumentation kann auf Videobändern erfolgen.

Trefferquote

Bei der Diagnostik von Zysten hat die Sonographie eine sehr hohe Trefferquote [5, 7, 9, 14, 18]. In der Karzinomdiagnostik sind die mitgeteilten Trefferquoten unterschiedlich hoch; so haben Gros et al. [5] und Kossoff et al. [15] 70% richtig-positive Diagnosen bei Karzinomen gestellt. Eine 80%ige globale Treffsicherheit erreichen Wagai et a. [18] und Kobayashi [12]. Bei den Tumorstadien T_0 und T_1 werden jedoch nach Gros et al. [5] deutlich niedrigere Trefferquoten (60%) beschrieben. Das heißt, die Trefferquoten sind bei der Vorsorgeuntersuchung (d. h. bei der Erkennung von T_0- und T_1-Tumoren) noch unbefriedigend. Die Ursachen liegen in der inhomogenen Gewebestruktur der Mamma, die aus Geweben mit unterschiedlichen akustischen Eigenschaften (Schallgeschwindigkeit, Schwächung) zusammengesetzt ist. Dies führt zu einer starken Schallstreuung.

Die Ultraschalluntersuchung der Mamma hat nach van Kaick et al. in der Karzinomdiagnostik mit 87% eine geringere Sensitivität als die Röntgenmammographie mit 92% [11]. Aus diesen Gründen sowie wegen des hohen Zeitaufwandes ist beim jetzigen Stand der Technik die Sonographie als Basisuntersuchung der Brust zurückhaltend anzuwenden. Es zeigt sich jedoch ein Indikationsgebiet bei jungen Frauen [8], bei denen die Mammographie eine dichte, drüsenreiche Brust mit eingeschränkter Beurteilbarkeit zeigt. Bei diesen Patientinnen ist mit der Sonographie ein Informationsgewinn zu erzielen. Deshalb erscheint es sinnvoll, bei jungen Frauen eine Ultraschalluntersuchung der Brust durchzuführen. Den Patientinnen kann damit die Strahlenbelastung durch die Mammographie erspart werden. Dagegen zeigen ältere Frauen mit fettreicher Brust in der Mammographie eine sog. leere Brust mit guter Erkennbarkeit von Tumoren. Hier führt die Sonographie durch die Streuung am Fettgewebe zu schlechten Ergebnissen.

Als Zusatzuntersuchung ergibt die Sonographie schon jetzt z. T. wegweisende und komplementäre Informationen, die den diagnostischen Weg wesentlich beeinflussen. Als Basisuntersuchung ist sie beim jetzigen Gerätestand und Informationsstand noch nicht anwendbar. Das Prinzip des Immersionsscanners, z. B. Octoson, scheint jedoch als Entwicklungsweg in die richtige Richtung zu weisen.

Literatur

1. Barth V, Buch J (1980) Läßt die Röntgenmorphologie Rückschlüsse auf die Histologie eines malignen Brusttumors zu? Radiologe 20: 226–240
2. Fiegler W (1983) Einsatzmöglichkeit der manuellen und automatisierten Scanverfahren bei der Mammasonographie. ROEFO 138/2: 231–234
3. Friedrich M (1981) Neue technische Entwicklungen der Röntgen- und Ultraschalluntersuchung der Mamma. Roentgenpraxis 34: 181–195
4. Friedrich M, Claussen C, Felix R (1981) Methodische Aspekte der Mamma-Sonographie: Erfahrungen mit einem Immersions-Scanner (Octoson). ROEFO 135/6: 704–713
5. Gros CM, Dale G, Gairard B (1977) Echographie mammaire: critères de malignité. Senologia 4: 47–57
6. Gros CM, Dale G, Gairard B (1978) La compression en échographie mammaire. Senologia 2: 3–14
7. Hackelöer BJ, Lauth G, Duda V, Hüncke B, Buchholz R (1980) Neue Möglichkeiten der Ultraschallmammographie. Geburtshilfe Frauenheilkd 40: 303–312
8. Harper AP, Kelly-Frey E, Noe JS (1981) Ultrasound breast imaging – The method of choice for examining the young patient. Ultrasound Med Biol 7: 231–237
9. Igl W, Lohe K, Eiermann W, Bassermann R, Lissner J (1980) Sonographische Carcinomdiagnostik der weiblichen Brust im Vergleich zur Mammographie. Tumor Diagn 5: 247–253
10. Kaick G van, Schmidt W, Teubner J, Lorenz D, Lorenz A, Müller A (1980) Echomammographie mit verschiedenen Gerätetypen bei herdförmigen Läsionen. Tumor Diagn 4: 179–186
11. Kaick G van, Teubner J, Schmidt W (1982) Echomammographie. In: Frommhold W, Gerhardt P (Hrsg) Das Mammakarzinom. Klinisch-radiologisches Seminar, Bd 12. Thieme, Stuttgart New York, S 56–80
12. Kobayashi T (1978) Clinical ultrasound of the breast. Plenum, New York
13. Kobayashi T (1979) Diagnostic ultrasound in breast cancer: Analysis of retrotumorous echo patterns correlated with sonic attenuation by cancerous connective tissue. J Clin Ultrasound 7: 471–479

14. Kobayashi T, Takatani O, Hattori N, Kimura K (1974) Differential diagnosis of breast tumors. Cancer 33: 940–951
15. Kossoff G, Jellins J, Reeve TS (1978) Ultrasound in the detection of early breast cancer. In: Grundmann E, Beck L (eds) Early diagnosis of breast cancer. Methods and Results. Fischer, Stuttgart, pp 149–158
16. Pluygers E, Rombaut M (1980) Ultrasonic diagnosis of breast diseases. Tumor Diagn 4: 187–194
17. Thiel Ch, Schweikhart G (1982) Ultraschallmammographie: Ihre Bedeutung im Rahmen einer integrierten Mammadiagnostik. ROEFO 137: 1–12
18. Wagai T, Tsutsumi M (1977) Mass screening of breast cancer by grey scale serial echography. In: White D, Brown RE (eds). Ultrasound in medicine, Vol 3 A: Clinical aspects. Plenum, New York, pp 1147–1148

12 Schädel bei Säuglingen

12.1 Indikationen zur Ultraschalluntersuchung

- Verdacht auf Hirnveränderung bei Säuglingen
- Verdacht auf Hydrozephalus
- Verlaufskontrolle bei Hydrozephalus
- Verdacht auf Blutung

12.2 Gerätetypen, Untersuchungstechnik

Der Ultraschall wurde früh als A-Scan zur Erkennung von Verlagerungen der Mittellinie sowie zur Beurteilung der Ventrikelgröße verwendet. In letzter Zeit wurde von vielen Autoren die zweidimensionale Darstellung mit Compoundscannern sowie Real-time-Geräten in der Schädeldiagnostik angewandt. Die Verkalkung des Schädels an der Fontanelle erlaubt eine Ultraschalluntersuchung durch die Fontanelle nur bis zum 18.–24. Monat.

Sonographische Schnittebenen

1. Horizontale Schnittführung (Abb. 12.1.). Die Schnittebene verläuft ähnlich wie bei der Computertomographie parallel zur Reid-Basislinie (Augen-Ohr-Linie) [3]. Beim Real-time- und Compoundultraschall wird der Schädel in bei-

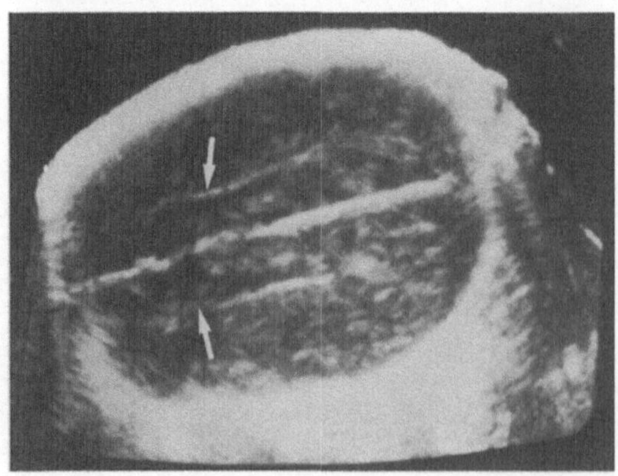

Abb. 12.1. Normaler Befund. Horizontaler Schnitt durch den kindlichen Schädel (Octoson). Darstellung der Seitenventrikel *(Pfeile)*

den Seitenlagen untersucht, da die dem Schallkopf gegenüberliegende Seite des Gehirns besser dargestellt wird. Diese Probleme treten bei Ultraschallsystemen mit Wasservorlauf (z. B. Octoson) nicht auf.

2. Frontalschnitt. Es werden im rechten Winkel zur Reid-Basislinie vor dem Ohr von beiden Seiten Frontalschnitte angelegt. Sie ähneln den Fontanellenkoronarschnitten [3].

3. Koronare Schnittführung (Fontanelle) [11]. Mit den Real-time-Geräten kann am einfachsten diese Schnittführung durchgeführt werden, indem der Schallkopf quer auf die große Fontanelle mit Schallrichtung zum Porus acusticus internus gelegt wird. Dann wird der Schallkopf in anteriore Richtung geschwenkt, um die intrakraniellen Strukturen darzustellen.

4. Sagittales Schnittbild. Bei der sagittalen Schnittführung wird der Schallkopf längs auf die große Fontanelle gelegt, entsprechend dem Verlauf der Sutura sagittalis. Es werden das Corpus callosum sowie der 3. und 4. Ventrikel dargestellt. Durch Seitwärtskippen des Schallkopfs werden in Parasagittalschnitten die Seitenventrikel gezeigt.

12.3 Hydrozephalus

In übersichtlicher Art werden Größe und Form der Ventrikel (Abb. 12.2) und das Septum pellucidum dargestellt [4]. Das Octoson kann im Gegensatz zu den anderen Ultraschallgeräten das Ventrikelsystem bis zum 4.–6. Lebensjahr darstellen. Es werden intraventrikuläre Membranen, Zystenbildungen [8], Shunt-Katheter, intraventrikuläre Polypen und Eiweißkonglomerate [11] erfaßt. Auch Septum-pellucidum-Zysten werden bei Frühgeborenen gut dargestellt.

Eine plötzliche Größenzunahme des Schädelumfangs kann durch das Wachsen des Gehirns bedingt sein, aber auch als frühes Anzeichen eines Hydrozephalus beobachtet werden.

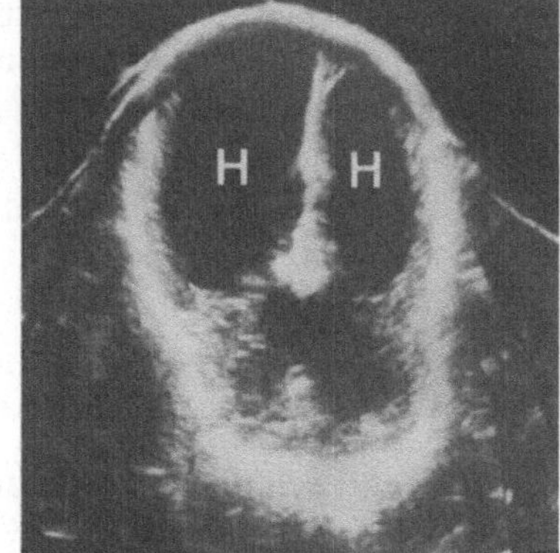

Abb. 12.2. Hydrocephalus permagnus. Axialer Schnitt am Octoson. Stark erweiterter Seitenventrikel *(H)* mit guter Darstellung der Frontal- und Okzipitalhörner; schräggestelltes Septum interventriculare

Die Sonographie ist eine geeignete Methode, die Ventrikelgröße genau, sicher und kostengünstig zu erfassen. Bei bekanntem Hydrozephalus kann der Ultraschall als Verlaufskontrolle eingesetzt werden, so z. B. bei ventrikuloperitonealem Shunt. In diesem Fall kann der Ultraschall durch die erneute Größenzunahme der Ventrikel auf einen Verschluß des Shunts hinweisen.

Haber et al. haben bei 73 Patienten mit dem Octoson den Schädel untersucht [6]. Bei 19 Patienten wurde gleichzeitig eine Computertomographie durchgeführt. Es ließ sich eine gute Korrelation zwischen der CT-gemessenen und sonographisch festgestellten Weite der Ventrikel feststellen. Auch andere Autoren erzielten eine gute Übereinstimmung von Computertomographie und Ultraschall.

Ein Fehler von 2% wird bei der sonographischen Größenbestimmung der Ventrikel mit dem „Kontakt-B-Scan" angegeben [4]. Er ist durch die unscharfe Tabula interna (besonders bei älteren Kindern mit dicker Schädelkalotte), Laufzeitfehler (durch unterschiedliche Schallgeschwindigkeit im Knochen) sowie die Verlagerung durch die Gravitationskraft bei Seitenlage des Kindes während der Untersuchung bedingt. Computertomographie und Octoson zeigen fast identische Bilder, obwohl sie auf unterschiedlichen diagnostischen Systemen beruhen. Die Sonographie zeigt die Komplikationen des Ventrikelshunts, z. B. subgaleale Flüssigkeitsansammlungen, größere subdurale Hygrome, Arachnoidalzysten und fibröse Stränge und Septen in den Ventrikeln (nach Ventrikulitis), die einen lokalen Hydrozephalus verursachen [10]. Diese fibrösen Stränge sind mit der Computertomographie schwer erkennbar [10].

12.4 Blutungen

Intraventrikuläre Blutungen sind als homogene, echodichte Struktur in dem sonst echofreien Ventrikel erkennbar. Auch subependymale Blutungen sind sonographisch als echodichte Struktur, die sich von der Wand des Ventrikels in das Gewebe ausdehnt, nachweisbar. Parenchymblutungen (z. B. in der Capsula interna) sind ebenfalls durch eine echodichte Struktur charakterisiert. Subdurale und subarachnoidale Hämatome sind sehr schwer darzustellen [9]; besonders wenn sie frontal und parietal im Schallschatten der knöchernen Strukturen liegen, können sie übersehen werden [11]. Bei einer großen Fontanelle kann aber auch ein hochparietaler Erguß durch entsprechende Kippung des Schallkopfs dargestellt werden.

Sonographische Kriterien der intraventrikulären Blutung

Homogene, echodichte Struktur in den sonst echofreien Ventrikeln

Sonographische Kriterien der subependymalen Blutung

Echodichte Struktur, die sich von der Wand des Ventrikels in das Gewebe ausdehnt

Die Nachweisbarkeit einer Blutung im Schädel hängt von der Lage der Blutung (ventrikulär, subependymal, subdural, subarachnoidal), der Dicke der Schädelkalotte und der Frequenz des Schallkopfs ab. Ab 2% Hämatokrit kann Blut in den Ventrikeln mit 7 MHz nachgewiesen weren [2]. Nach Bejar können mit einem 7-MHz-Real-time-Schallkopf durch die Fontanellen intraventrikuläre und subependymale Blutungen mit einer höheren Sensitivität erkannt werden als mit der Computertomographie [2]. Subarachnoidale Blutungen sind mit dem CT jedoch besser nachweisbar. Flüssiges und koaguliertes Blut stellt sich sonographisch echoreich dar [2, 5, 7].

Haber et al. beschreiben die Schwierigkeiten bei der Erkennung von kleinen intraventrikulären und subependymalen Blutungen [6]. Nach Bejar et al. [2] soll diese Schwierigkeit durch die horizontale Schnittführung bedingt sein. Mit der koronaren Schnittführung durch die Fontanellen konnten Bejar et al. auch kleine Blutungen nachweisen. Grant et al. hatten in 24 von 27 Fällen (88,9%) eine intraventrikuläre Blutung richtig erkannt [5]. In dieser Serie traten keine falsch-negativen und nur 3 (11%) falsch-positive sonographische Befunde mit dem Real-time-Ultraschall auf [5].

12.5 Tumoren

Tumoren können als verstärkte reflexogene Struktur demonstriert werden. Die Sonographie stellt akustische Grenzflächen dar, daher ist bei Tumoren, welche aus nicht hirneigenem Gewebe aufgebaut sind, eine direkte Darstellung als reflexogene Struktur zu erwarten. Tumoren, die aus hirneigenen Geweben aufgebaut sind, sind erst durch die sekundären Verdrängungserscheinungen der normalen anatomischen Hirnstrukturen sowie anhand von Nekroseverkalkungen oder Zystenbildungen nachweisbar [11]. Mit der Computertomographie, insbesondere nach Kontrastmittelinjektionen, lassen sich Tumoren sehr gut darstellen, deshalb ist bei Tumorverdacht die Computertomographie indiziert.

12.6 Hirnödem

Bei generalisierten Hirnödemen sind die Ventrikel kollabiert und die Hirnwindungen verstrichen.

12.7 Wertung und Integration

Methodische Aspekte

Vorteile der Schädelsonographie:

1. Keine Strahlenbelastung, nicht schädlich
2. Beliebig oft wiederholbar
3. Zusätzliche Untersuchung weiterer Organe möglich
4. Geringe Kosten
5. Gute Darstellung intraventrikulärer und subependymaler Blutungen
6. Untersuchung in verschiedenen Ebenen möglich

Nachteile der Schädelsonographie:

1. Abhängigkeit der Darstellung von der Größe der Knochenlücke (Real-time) sowie von der Kalottendicke (am Octoson)
2. Schlechte Darstellung subduraler und subarachnoidaler Blutungen

Die Computertomographie bietet durch die Dichtemessung sowie durch die Kontrastmittelgabe weitere Möglichkeiten zur Gewebedifferenzierung und kann durch die Kontrastmittelgabe auch die Dynamik der Kontrastmittelanreicherung *zur weiteren Differenzierung* der Tumoren nutzen.

Mit dem Real-time-Gerät werden koronare, sagittale und horizontale Schichten des Schädels durch die Fontanellen und die Suturen durchgeführt. Da die Schallwellen bei diesem Darstellungsweg durch den Knochen nicht absorbiert werden, können hohe Frequenzen von 5–7 MHz benutzt werden. In einer Vergleichsstudie wurde ein 5-MHz-Real-time-Gerät mit einem 3,5 MHz-Compoundultraschall verglichen. Der Real-time-Ultraschall (durch die große Fontanelle) hatte eine Genauigkeit von 100%, der Compoundultraschall (Darstellung durch den parietalen Knochen) hatte eine Sensitivität von 91% und eine Spezifität von 85% [7].

Diagnostisches Vorgehen

Bei Säuglingen sollte (bei Verdacht auf Hirnveränderungen) die Sonographie als Erstuntersuchung angewandt werden. Bei Ventrikelerweiterung (Hydrozephalus) ist die diagnostische Sicherheit der Sonographie (durch das physikalische Prinzip des Ultraschalls bedingt) am größten. Bei Verdacht auf intraventrikuläre Blutung (z. B. geringes Geburtsgewicht, Frühgeburt – hier ist in 40–50% der Fälle eine Blutung im Ventrikelsystem nachweisbar) sollte zunächst eine Sonographie durchgeführt werden. Bei unklarem Befund sollte eine Computertomographie angeschlossen werden. Der Ultraschall ist indiziert, um in der Verlaufskontrolle frühzeitig einen posthämorrhagischen Hydrozephalus zu erkennen.

Bei Verdacht auf Tumor, subarachnoidale Blutung, Tentoriumeinriß, bei sonographisch unklarem Befund sowie bei starker Diskrepanz zwischen klinischem Bild und sonographischem Befund muß eine Computertomographie angeschlossen werden. Die Sonographie kann die Computertomographie bei der Schädeldiagnostik des Kindes und der Säuglinge nicht ersetzen, sie kann jedoch die Indikation zur Computertomographie einengen und präzisieren.

Literatur

1. Babcock DS, Han BK, LeQuesne GW (1980) B-Mode grey scale ultrasound of the head in the newborn and young infant. AJR 134: 457–468
2. Bejar R, Curbelo V, Coen RW, Leopold G, James H, Gluck L (1980) Diagnosis and follow-up of intraventricular und intracerebral hemorrhages by ultrasound studies of infant's brain through the fontanelles and sutures. Pediatrics 66/5: 661–673
3. Bliesener JA (1981) Intrakranielle Veränderungen im Säuglings- und frühen Kindesalter. Technik und Ergebnisse der Sonographie. Monatsschr Kinderheilkd 129: 200
4. Garrett WJ, Kossoff G, Warren PS (1980) Cerebral ventricular size in children. A two-dimensional ultrasonic study. Radiology 136: 711–715
5. Grant EG, Boris FT, Schellinger D, McCullough DC, Sivasubramanian KN, Smith Y (1981) Real-time ultrasonography of neonatal intraventricular hemorrhage and comparison with computed tomography. Radiology 139: 687–691
6. Haber K, Wachter RD, Christenson PC et al. (1980) Ultrasonic evaluation of intracranial pathology in infants: a new technique. Radiology 134: 173–178
7. Johnson ML, Rumack CM, Mannes EJ, Appareti KE (1981) Detection of neonatal intracranial hemorrhage utilizing real-time and static ultrasound. J Clin Ultrasound 9: 427–433
8. Mack LA, Rumack CM, Johnson ML (1980) Ultrasound evaluation of cystic intracranial lesions in the neonate. Radiology 137: 451–455
9. Reeder JD, Kaude JV, Setzer ES (1982) Cranial real-time ultrasound in premature neonates. ROEFO 137/1: 11–36
10. Smith JRL, Haber K, Freynolds F, Weinstein R (1982) Ultrasonic evaluation of postventricular shunt dynamics in infants and young children. Radiology 145: 133–138
11. Straßburg HM, Sauer M (1982) Ultraschalldiagnostik durch die offene Fontanelle des Säuglings. Ultraschall 2: 43–49

Sachverzeichnis